网站前台美工设计

主　编　蔡宗慧　王志坚
副主编　夏忠华　李鹏飞　祁小檬　宋天栋

北京理工大学出版社
BEIJING INSTITUTE OF TECHNOLOGY PRESS

内容简介

本书从实际岗位工作需求出发，旨在培养学生网站前台美工设计的基础知识和核心技能。本书遵循高职学生的认知规律和学习特点，以项目为单位组织教学内容，精心设计了一系列具有代表性的网站前台美工领域实用案例，包含 LOGO 设计、Banner 设计、电商广告设计、UI 设计、网页设计等 5 个项目，20 个任务。每个任务都以技能训练为主线，通过设定具体的工作情境和工作任务，引导学生自主探究和合作学习，让学生在学习过程中将理论知识与实践操作紧密结合，在完成任务的同时，有效提升学生的专业技能水平和解决实际问题的能力。

本书适合作为网站前台开发基础课程的配套教材，也可作为各类计算机培训教材和自学参考书。

图书在版编目(CIP)数据

网站前台美工设计 / 蔡宗慧，王志坚主编．--北京：北京理工大学出版社，2025.3

ISBN 978-7-5763-3729-7

Ⅰ．①网…　Ⅱ．①蔡…　②王…　Ⅲ．①网页制作工具　Ⅳ．①TP393.092.2

中国国家版本馆 CIP 数据核字(2024)第 061098 号

责任编辑：王玲玲　　**文案编辑**：王玲玲
责任校对：刘亚男　　**责任印制**：施胜娟

出版发行 / 北京理工大学出版社有限责任公司
社　　址 / 北京市丰台区四合庄路 6 号
邮　　编 / 100070
电　　话 / (010) 68914026 (教材售后服务热线)
(010) 63726648 (课件资源服务热线)
网　　址 / http://www.bitpress.com.cn

版 印 次 / 2025 年 3 月第 1 版第 1 次印刷
印　　刷 / 河北盛世彩捷印刷有限公司
开　　本 / 787 mm × 1092 mm　1/16
印　　张 / 13.5
字　　数 / 327 千字
定　　价 / 89.00 元

前言

随着科技的飞速发展和数字化时代的到来，互联网已经深入我们生活的方方面面，成为信息交流、商务活动和社交互动的重要平台。一个网站的外观和用户体验直接影响到用户对网站的使用感受，进而影响到企业的形象和商业利益。因此，网站前台美工设计在当今社会中占据着越来越重要的地位。

为了适应这一发展趋势，我们编写了本教材，旨在培养具备专业技能的网站前台美工设计人员，以满足社会对相关人才的需求。本教材遵循高职学生认知规律，打破原有章节构成，以学生为中心，以支撑专业学习和岗位实际工作需求为出发点，以职业能力培养为目标，基于中国特色学徒制理念对教学内容进行设计与编排，重构深入浅出、循序渐进的知识体系，结合网页美工领域实用案例，通过项目教学的方式，全面、系统地介绍了网站前台美工设计的各个方面。

本教材以项目为单位，以活页方式存储学习任务，学生可以灵活地选取学习内容并自由组合。教材共5个项目，内含20个任务：通过LOGO设计项目，使学生了解标志元素构成的规律和设计方法；通过banner设计项目，使学生掌握如何运用图形融合技术来满足各种情境及企业产品广告等需求；通过电商广告设计项目，让学生了解如何结合电商设计理念和设计方法满足电商企业宣传产品的需求；通过UI设计项目，让学生掌握UI的设计规范和设计理念；通过网页设计项目，让学生在完成网站首页等页面制作的同时，了解网页制作规范、切图规范等。每个项目以技能训练为主线，开展情境化教学，学生可以边做边学，将理论知识与实践操作相结合，通过任务驱动的方式培养学生解决实际问题的能力，真正实现了做中学，学中做，知行合一。

本教材由蔡宗慧、王志坚担任主编，确立教材编写的指导思想、框架结构、编写内容并统稿；夏忠华、李鹏飞、祁小檬、宋天栋担任副主编。其中，项目一由蔡宗慧编写，项目二由李鹏飞编写，项目三由夏忠华编写，项目四由王志坚编写，项目五由祁小檬编写。宋天栋负责指导岗位分析，遴选企业真实项目案例，使教材更加贴近实际，更加符合行业需求。

由于编写时间仓促，加之编者水平有限，本教材难免存在不足之处，敬请广大读者提出宝贵的意见和建议，以便我们不断改进和完善本教材。

编　者

目录

项目一　LOGO 设计

任务1－1　能源企业LOGO设计

任务工单

<table>
<tr><td>任务名称</td><td colspan="5">能源企业LOGO设计</td></tr>
<tr><td>组别</td><td></td><td>成员</td><td></td><td>小组成绩</td><td></td></tr>
<tr><td>学生姓名</td><td colspan="3"></td><td>个人成绩</td><td></td></tr>
<tr><td>任务情境</td><td colspan="5">请你以设计人员的身份，按照客户需求，设计一个能源企业的LOGO。</td></tr>
<tr><td>任务目标</td><td colspan="5">按照具体要求，设计能源企业的LOGO并制作完成。</td></tr>
<tr><td>任务实施</td><td colspan="5">1. LOGO的设计原理。
2. 形状的布尔运算。
3. 通过Photoshop软件完成LOGO的设计与制作。</td></tr>
<tr><td>实施总结</td><td colspan="5"></td></tr>
<tr><td>小组评价</td><td colspan="5"></td></tr>
<tr><td>任务点评</td><td colspan="5"></td></tr>
</table>

前导知识

LOGO，即标志、徽标、商标，是现代经济的产物。LOGO 作为一种无形资产，是企业综合信息传递的媒介。LOGO 的形式多种多样，如何设计一个适合企业形象的 LOGO 至关重要。

一、LOGO 设计原理

1. 基本要求

（1）设计必须充分考虑其实现的可行性，针对其应用形式、材料和制作条件采取相应的设计手段；同时，还要顾及应用于其他视觉传播方式（如印刷、广告、映像等）或放大、缩小时的视觉效果。

（2）在设计中使用图形进行制作时需注意，不仅要简练、概括，而且要讲究艺术性，使人易于记忆。

（3）在艺术构思上力求巧妙、新颖、独特，并且表意准确，以达到形式美的视觉效果；构图要凝练、美观。

（4）设计要符合作用对象的直观接受能力、审美意识、社会心理和禁忌。

（5）色彩要单纯、强烈、醒目，要遵循标志设计理念的艺术规律，创造性地探求恰当的艺术表现形式和手法，使所设计的标志具有高度的整体美感，获得最佳的视觉效果。

2. 主流趋势

（1）LOGO 设计师们不再一味地强调可持续性或者笼统的“绿色”。

（2）色彩越来越生动。不饱和理论退潮，取而代之的是色彩浓度。

（3）总体风格趋向简洁——类型简洁、线条简洁、色彩简洁，就好像理念越来越简单明了。

（4）越少越好：少一点美术字，少一点 PS 处理，少一点矫揉造作的雕琢。

3. 国际规范

为了便于 Internet 上的信息传播，建立一套统一的国际标准是非常有必要的。在现行的国际标准规范中，关于网站的 LOGO，目前有三种常用的规格：

（1）88 ×31，这种规格是互联网上最普遍的 LOGO 规格。

（2）120 ×60，这种规格用于一般大小的 LOGO。

（3）120 ×90，这种规格用于大型 LOGO。

二、椭圆工具

在 Photoshop 中，圆形是通过“椭圆工具”绘制得到的。

1. 椭圆工具的位置

右击工具栏中的形状工具组，在弹出的菜单中，便可以找到椭圆工具，如图 1 –1 –1 所示。

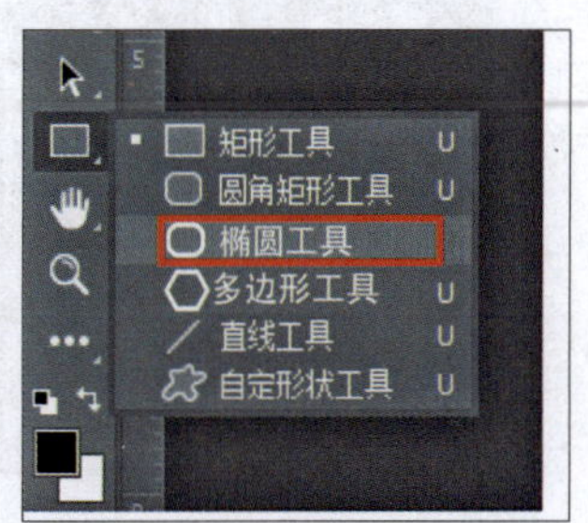

图 1 –1 –1 椭圆工具的位置

2. 实用小技巧

使用“椭圆工具”创建图形时，有一些实用的小技巧。

（1）按住 Shift 键的同时拖动，可以绘制一个正圆。

（2）按住 Alt 键的同时拖动，可以绘制一个以单击点为中心的椭圆。

（3）按住 Alt + Shift 组合键的同时拖动，可以创建一个以单击点为中心的正圆。

（4）使用 Shift + U 组合键可以快速切换形状工具组里的工具。

（5）选中“椭圆工具”后，在画布中单击，会自动弹出“创建椭圆”对话框，可以自定义宽度值和高度值。

三、形状的布尔运算

布尔运算最早是指逻辑数学中，包括联合、相交、相减的计算方法。类似这样的运算在形状中也存在，人们形象地称之为“形状的布尔运算”。

形状的布尔运算是在画布中存在形状的前提下，再创建新形状时，新形状与现有形状产生的关系。通过形状的布尔运算，使形状与形状之间进行相加、相减或相交，从而产生新的形状，如图 1－1－2 所示。

1. 形状布尔运算的操作位置

单击工具栏中的“合并形状组件”按钮，在弹出的下拉菜单中，即可选择相应的布尔运算方式，如图 1－1－3 所示。

图 1－1－2　形状布尔运算结果图例

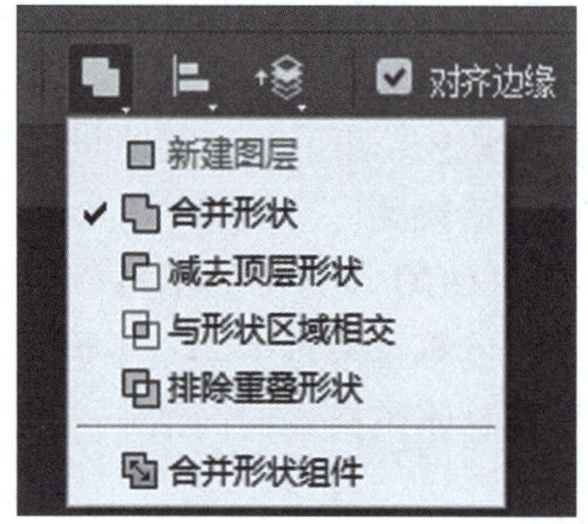

图 1－1－3　形状布尔运算的操作位置

2. 形状的布尔运算

1）合并形状

选择“合并形状”后，将要绘制的形状会自动合并至当前形状所在的图层，并与其合并成为一个整体，如图 1－1－4 所示。

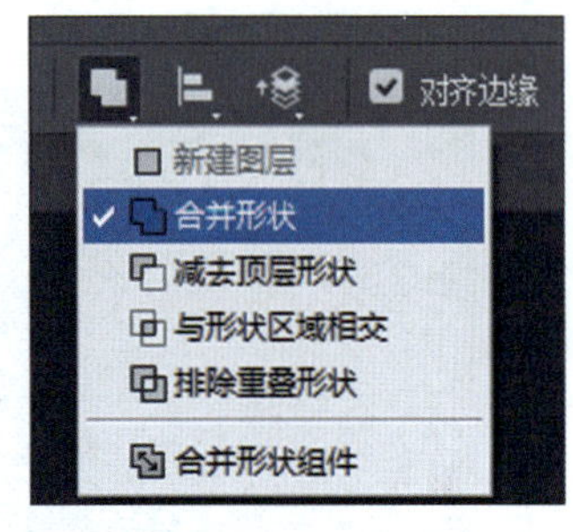

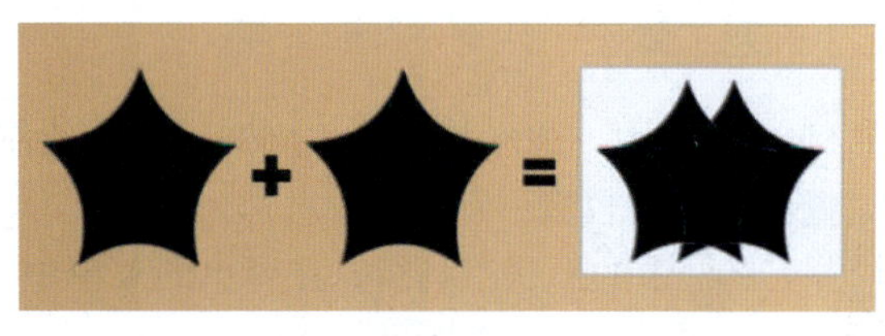

图 1－1－4　合并形状

2）减去顶层形状

选择“减去顶层形状”后，将要绘制的形状会自动合并至当前形状所在的图层，并减去后绘制的形状部分，如图 1－1－5 所示。

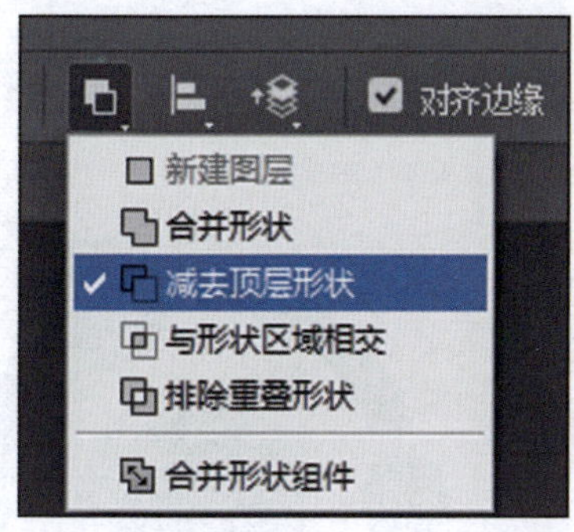

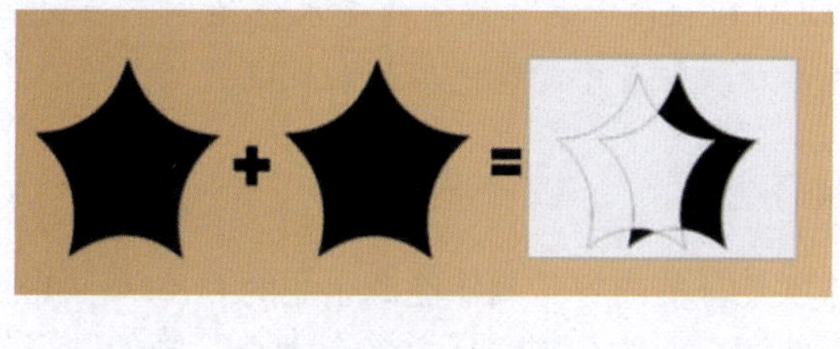

图 1－1－5　减去顶层形状

3）与形状区域相交

选择“与形状区域相交”后，将要绘制的形状会自动合并至当前形状所在的图层，并保留形状的重叠部分，如图 1－1－6 所示。

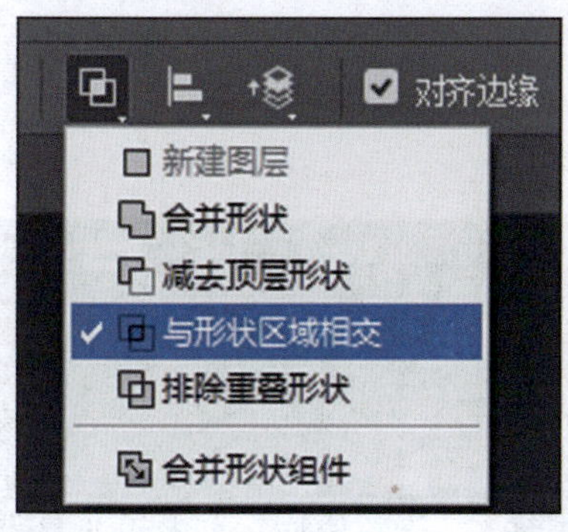

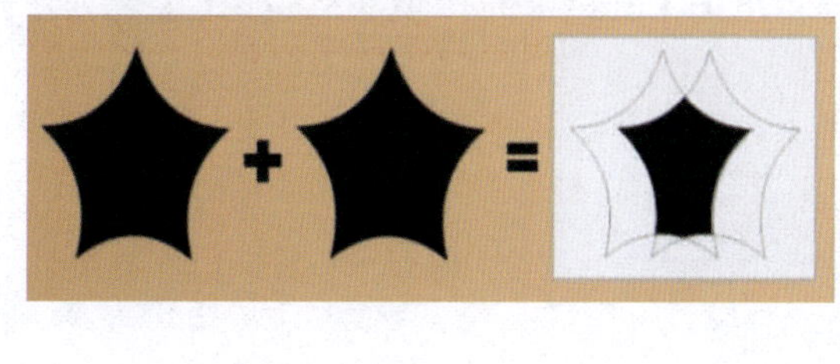

图 1－1－6　与形状区域相交

4）排除重叠形状

选择“排除重叠形状”后，将要绘制的形状会自动合并至当前形状所在的图层，并减去形状的重叠部分，如图 1－1－7 所示。

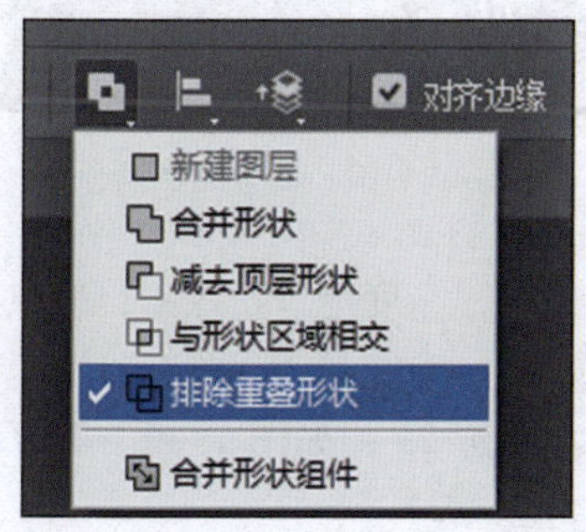

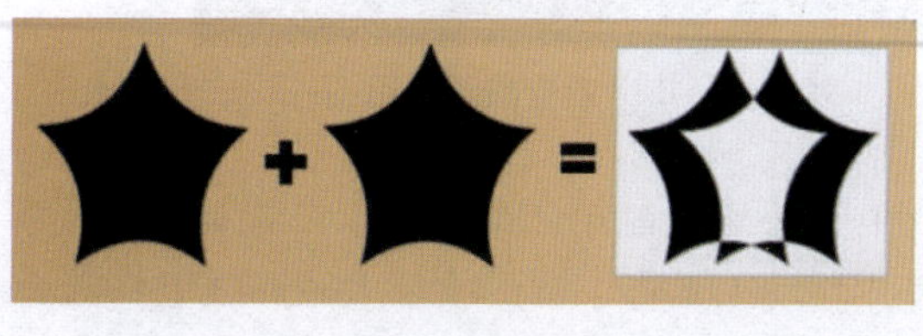

图 1－1－7　排除重叠形状

小贴士

党的二十大报告提出，深化科技体制改革，深化科技评价改革，加大多元化科技投入，加强知识产权法治保障，形成支持全面创新的基础制度。

LOGO 版权属于著作权中的美术作品，是受到知识产权法保护的。在申请版权保护后，仅本人和所授权者才能够使用该 LOGO。

本次任务

本次任务的内容是制作能源企业的 LOGO，如图 1－1－8 所示。能源企业的 LOGO 是由多个大小不同的圆形经过排列组合，然后通过形状的布尔运算得到的。

图 1－1－8　能源企业的 LOGO

（1）新建文件，右击工具栏中的形状工具组，在弹出的菜单中，单击选择椭圆工具。

（2）在画布上单击，在弹出的“创建椭圆”对话框中，设置形状宽度为 400 像素，高度为 400 像素，勾选“从中心”复选按钮，如图 1－1－9 所示，单击“确定”按钮，这样便可以快速绘制出一个指定大小的正圆。

（3）单击工具栏中的“填充”，选择蓝色，将圆形的颜色填充为蓝色，如图 1－1－10 所示。

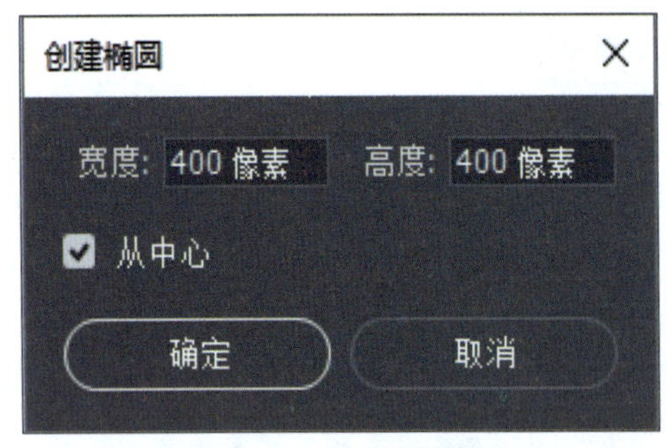

图 1－1－9　设置椭圆大小

图 1－1－10　设置圆形颜色

（4）接下来绘制第二个圆形。设置圆形的宽度为 300 像素，高度为 300 像素，颜色为蓝色。使用移动工具将小圆形放至大圆形之上，圆心对齐，如图 1－1－11 所示。

（5）按住 Shift 键，依次单击图层“椭圆 1”和图层“椭圆 2”，如图 1－1－12 所示。同时选中两个图层后，使用快捷键 Ctrl + E 将两个圆形组合在一起。

图 1－1－11　两个圆形叠放效果

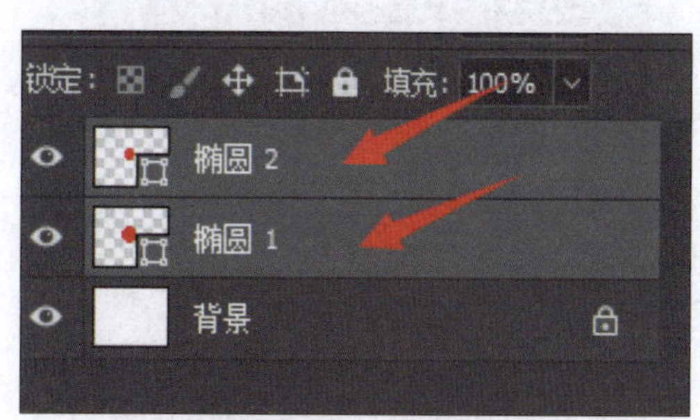

图 1－1－12　合并图层

（6）选中中间的小圆，单击工具栏中的“合并形状组件”按钮，选择“减去顶层形状”，便得到了一个圆环，如图 1－1－13 所示。

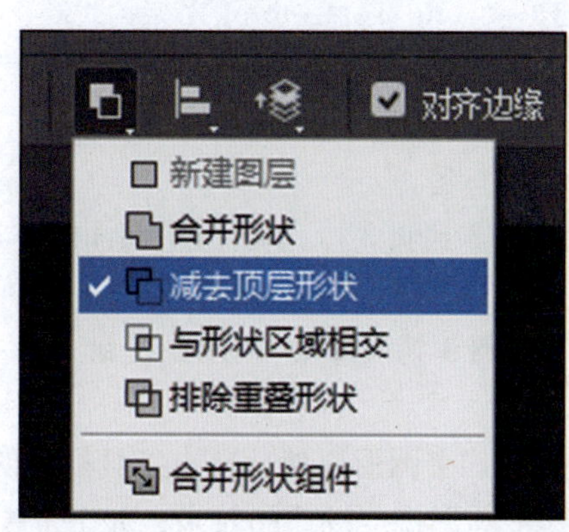

图 1－1－13　组合图形圆环

（7）单击椭圆工具，先按住 Shift 键，然后按住鼠标左键在画布上拖动，绘制出一个正圆。修改圆形的宽度为 140 像素，高度为 140 像素，然后使用移动工具，将圆形移动到圆环的合适位置，如图 1－1－14 所示。

（8）选中小圆所在的图层“椭圆 3”，按住鼠标左键，将图层“椭圆 3”拖曳至“复制”按钮上方，如图 1－1－15 所示，松开鼠标，就得到了一个新的图层——图层“椭圆 3 拷贝”。将该图层圆形的宽度、高度均设置为 120 像素，并使用移动工具将它移动到圆环的合适位置。

图 1－1－14　添加一个小圆后的效果

（9）利用同样的方法，绘制第三个宽度、高度均为 105 像素的小圆，就得到了圆环上有三个圆形的形状，如图 1－1－16 所示。

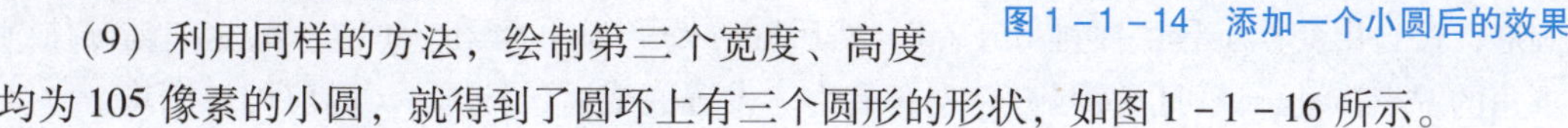

图 1－1－15　复制图层

图 1－1－16　添加三个小圆以后的效果

（10）按住 Shift 键，依次选中图层“椭圆 3”“椭圆 3 拷贝”和“椭圆 3 拷贝 2”，如图 1－1－17 所示，使用快捷键 Ctrl＋E 将三个圆形组合在一起。

（11）复制图层“椭圆 3 拷贝 2”，得到图层“椭圆 3 拷贝 3”，单击图层前面的“眼睛”图标，隐藏图层，备用。

（12）按住 Shift 键，依次选中图层“椭圆 2”“椭圆 3 拷贝 2”，使用快捷键 Ctrl＋E 将圆环和三个圆形组合在一起。

（13）使用路径选择工具，按住 Shift 键，依次选中三个圆形，然后单击工具栏中的“合并形状组件”按钮，选择“减去顶层形状”，就得到了圆形掏空以后的效果，如图 1－1－18 所示。

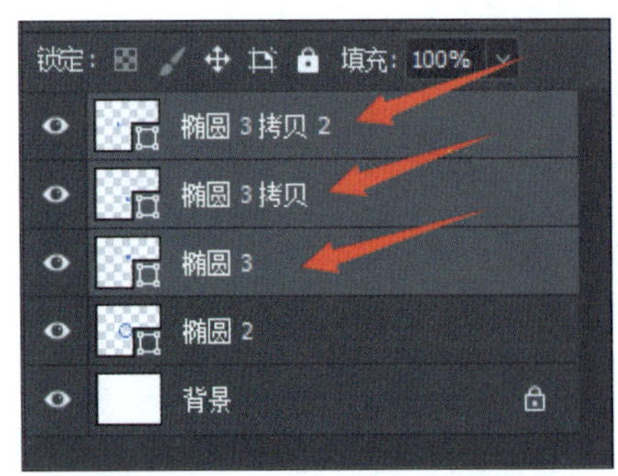

图 1－1－17　合并图层

图 1－1－18　掏空以后的效果

（14）选中图层“椭圆 3 拷贝 3”，并将其设置为可见状态。使用路径选择工具，选中其中一个圆形，按自由变换工具快捷键 Ctrl＋T，然后同时按下 Shift 键和 Alt 键，鼠标左键按住圆形右下角的锚点拖动，就可以按照圆心改变大小。设置完成后，按 Enter 键应用该变换。

（15）按照同样的方法，分别将其余两个圆形修改为合适的大小，就得到了三个圆形掏空的效果，如图 1－1－19 所示。

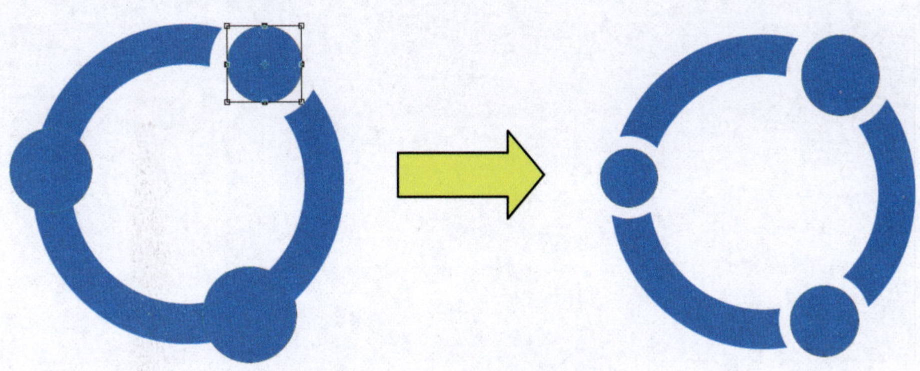

图 1－1－19 修改圆形的大小

（16）使用椭圆工具，绘制一个宽度、高度均为 200 像素的圆形，并使用移动工具将它移动到圆环的中心位置，这样，能源企业的 LOGO 就绘制好了，如图 1－1－20 所示。

图 1－1－20 最终效果

小贴士

在操作形状时，一定要先选中形状所在的图层。

任务1－2 仿百度LOGO设计

任务工单

任务名称	仿百度LOGO设计				
组别		成员		小组成绩	
学生姓名				个人成绩	
任务情境	请你以设计人员的身份，按照客户需求，设计一个仿百度LOGO。				
任务目标	按照具体要求，设计并制作一个仿百度LOGO，熟练掌握形状绘制、变形、组合、布尔运算等操作。				
任务实施	1. 绘制形状。 2. 形状的布尔运算。 3. 通过Photoshop软件完成LOGO的设计与制作。				
实施总结					
小组评价					
任务点评					

前导知识

LOGO 作为企业 CIS 战略的最主要部分，在企业形象传递过程中，是应用最广泛、出现频率最高，同时也是最关键的元素。企业强大的整体实力、完善的管理机制、优质的产品和服务，都被涵盖于标志中，通过不断地刺激和反复刻画，深深地留在受众者心中。

企业的性质不同，企业的形象和企业的宣传定位也千差万别。LOGO 作为直接传播企业文化的视觉符号，作用尤为关键。

通过对一些简单图形进行排列组合，就可以得到简洁美观的 LOGO，如图 1－2－1 所示。

图 1－2－1　简单图形 LOGO 示例

小贴士

习近平总书记强调，要把创新教育贯穿教育活动全过程，倡导“处处是创造之地，天天是创造之时，人人是创造之人”的教育氛围，鼓励学生善于奇思妙想并努力实践，以创造之教育培养创造之人才，以创造之人才造就创新之国家。

加强学生在设计过程中的创新意识培养，鼓励学生勇于探索、大胆尝试、创新创造，不断提高学生的创新能力，培养出堪当民族复兴大任的时代新人，从而造就创新之中国。

本次任务

本次任务的内容是制作仿百度 LOGO，如图 1－2－2 所示。仿百度 LOGO 的底层是一个正圆，上层是一个由五个椭圆组成的“爪子”形状，然后组合，最后通过布尔运算得到。

（1）新建文件，右击工具栏中的形状工具组，在弹出的菜单中，单击选择“椭圆工具”，如图1－2－3所示。

图1－2－2　仿百度LOGO

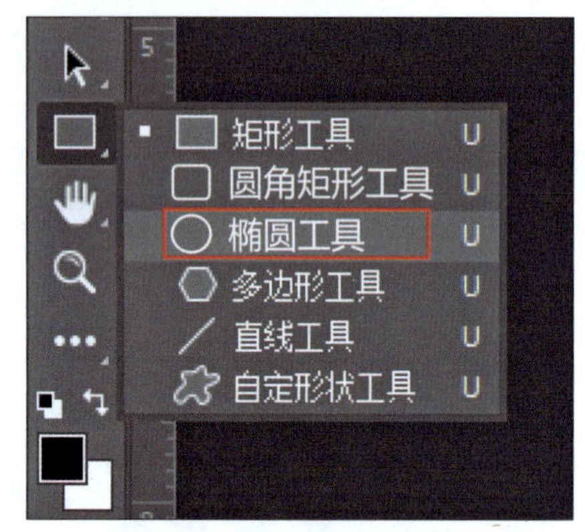

图1－2－3　选择椭圆工具

（2）在画布上单击，在弹出的“创建椭圆”对话框中，设置形状宽度为400像素，高度为400像素，勾选“从中心”复选按钮，如图1－2－4所示，单击“确定”按钮，这样便绘制出一个指定大小的正圆。

（3）单击工具栏中的“填充”，选择蓝色，如图1－2－5所示，将圆形的颜色填充为蓝色。

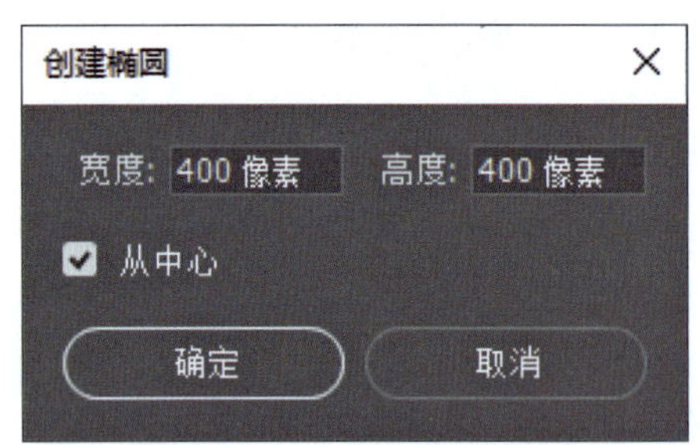

图1－2－4　设置圆形大小

图1－2－5　设置圆形颜色

（4）单击图层“椭圆1”前面的“眼睛”图标，隐藏图层备用，如图1－2－6所示。

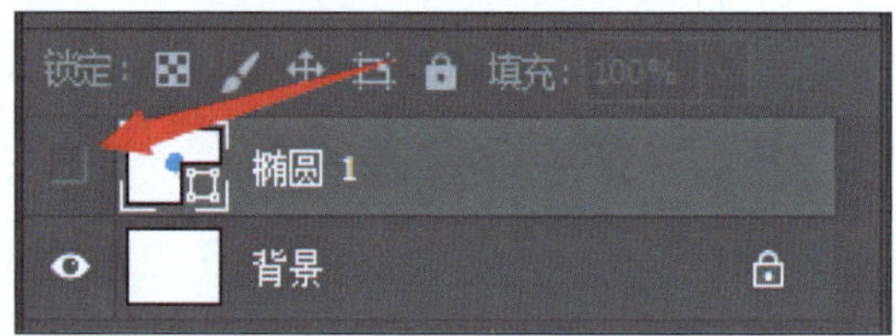

图1－2－6　隐藏图层

（5）单击椭圆工具，绘制一个椭圆形，按自由变换工具快捷键Ctrl＋T，鼠标左键按住椭圆形右下角的锚点，将椭圆旋转至合适的角度，如图1－2－7所示。设置完成后，按 Enter 键应用该变换。

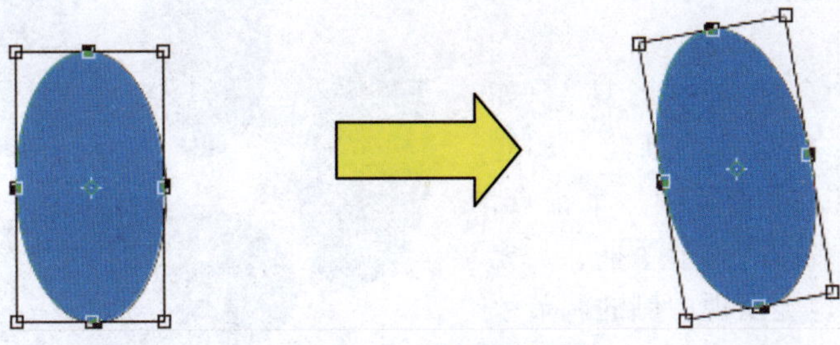

图 1-2-7　旋转形状角度

（6）选中图层“椭圆 2”，按住鼠标左键，将图层拖曳至“复制”按钮上方，如图 1-2-8 所示，松开鼠标，就得到了一个新的图层——图层“椭圆 3 拷贝”。

（7）按自由变换工具快捷键 Ctrl + T，鼠标左键按住复制出来的椭圆形右下角的锚点，将椭圆旋转至合适的角度，并移动到合适的位置，如图 1-2-9 所示，设置完成后，按 Enter 键应用该变换。

图 1-2-8　复制图层

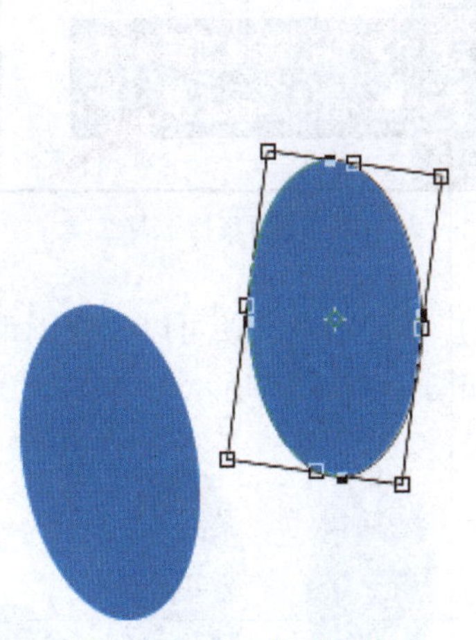

图 1-2-9　复制形状

（8）利用同样的方法，依次复制、旋转、移动第三个、第四个椭圆形，“爪子”的上半部分就绘制好了，如图 1-2-10 所示。

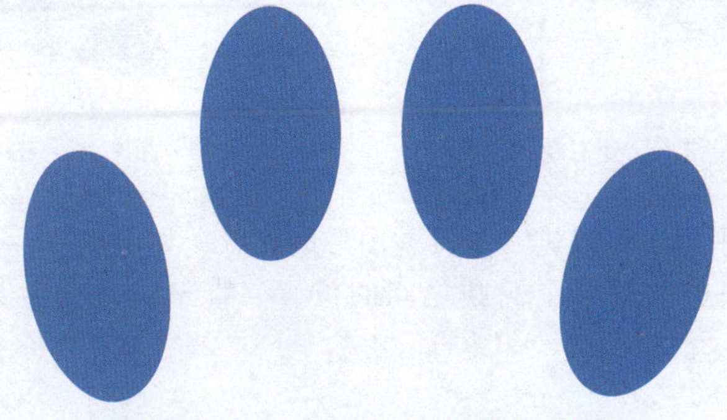

图 1-2-10　“爪子”上半部分完成效果

（9）再次利用椭圆工具，绘制“爪子”的下半部分。绘制一个椭圆，移动到中间位置，如图 1－2－11 所示。

（10）单击“直接选择工具”，如图 1－2－12 所示，然后单击新绘制的椭圆，便会出现锚点，单击其中一个锚点，锚点的两侧就会出现两条调节手柄，与之相邻的两个锚点，也会出现一侧的调节手柄，如图 1－2－13 所示。

图 1－2－11 “爪子”雏形

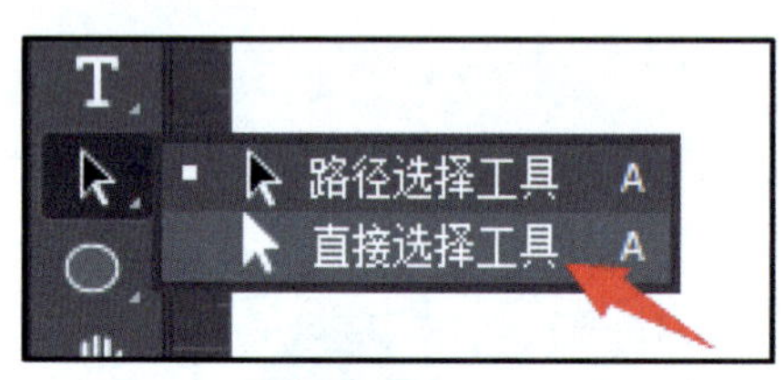

图 1－2－12 使用直接选择工具

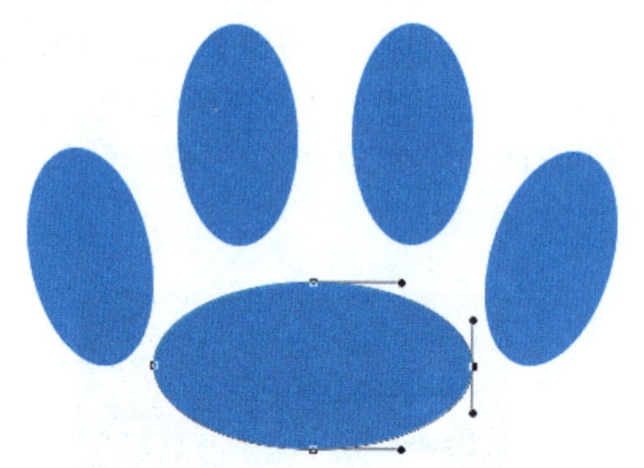

图 1－2－13 调节手柄

（11）移动锚点，便可以改变图形的形状，如图 1－2－14 所示。将椭圆调节至合适的形状，如图 1－2－15 所示。

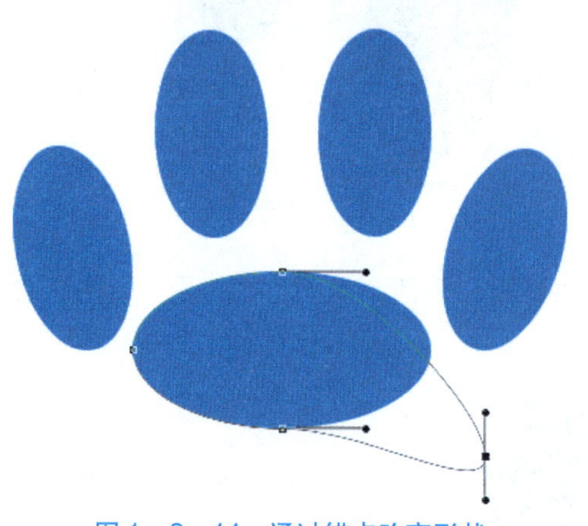

图 1－2－14 通过锚点改变形状

图 1－2－15 调节后的效果

（12）通过调节手柄，可以进一步调整图形的形状，如图 1－2－16 所示；通过路径选择工具，可以进一步调整各个椭圆之间的位置，直至满意的效果，如图 1－2－17 所示。

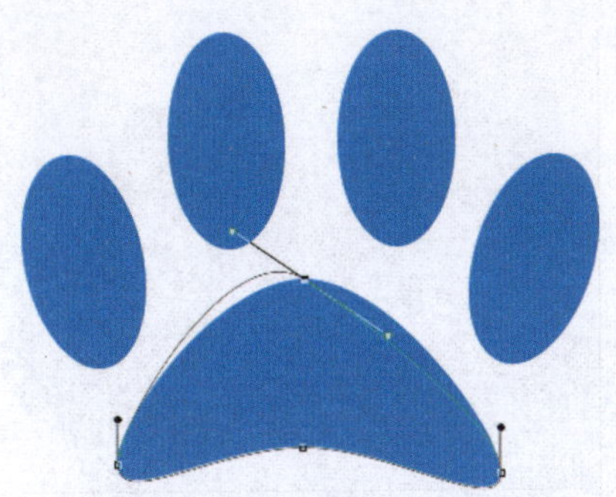
图1-2-16　通过调节手柄改变形状

图1-2-17　调整后的效果

（13）按住 Shift 键，依次选中“爪子”形状的5个图层，使用快捷键 Ctrl + E 将它们组合在一起，如图1-2-18所示。

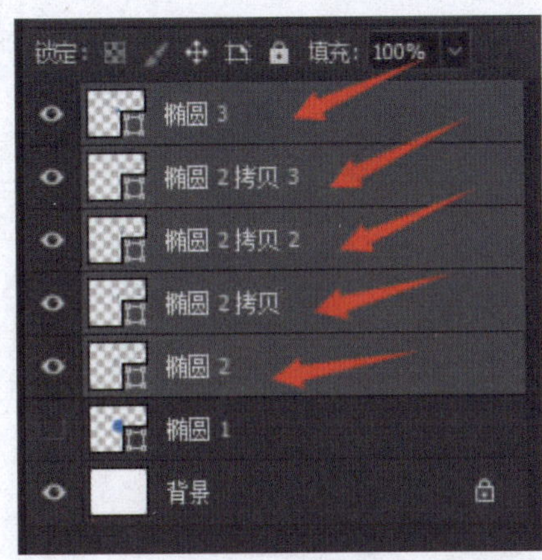

图1-2-18　合并图层

（14）将图层“椭圆1”设置为可见状态。选中图层“椭圆3”，使用移动工具，将“爪子”形状移动到合适的位置，如图1-2-19所示。

（15）按住 Shift 键，依次选中图层“椭圆1”“椭圆3”，使用快捷键 Ctrl + E 将两个形状组合在一起。

（16）使用“路径选择工具”，如图1-2-20所示，按住 Shift 键，依次选中“爪子”形状的各个图形，如图1-2-21所示。

（17）单击工具栏中的“合并形状组件”按钮，选择“减去顶层形状”，如图1-2-22所示，就得到了“爪子”掏空以后的最终效果，如图1-2-23所示。

图1-2-19　调整形状位置

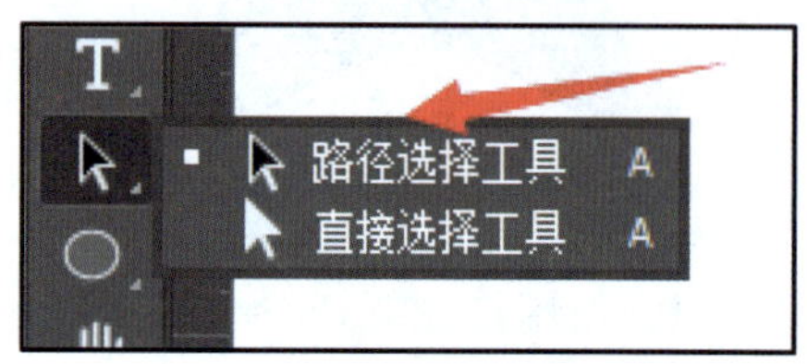

图 1-2-20 使用“路径选择工具”

图 1-2-21 选中“爪子”形状

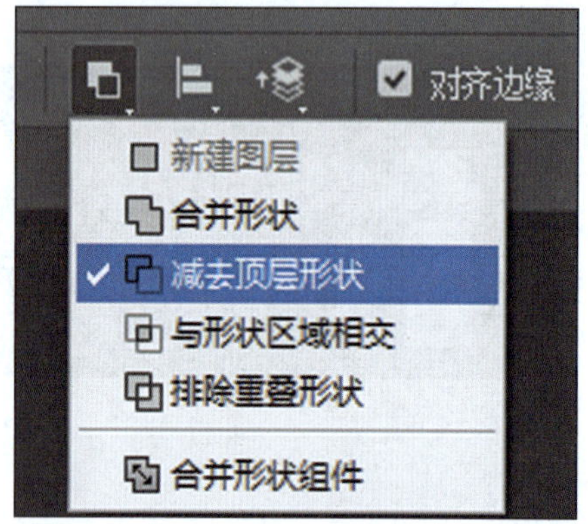

图 1-2-22 选择“减去顶层形状”

图 1-2-23 最终效果

任务 1-3 中国银行 LOGO 制作

任务工单

任务名称	中国银行 LOGO 制作				
组别		成员		小组成绩	
学生姓名				个人成绩	
任务情境	请你以设计人员的身份，完成中国银行 LOGO 的制作。				
任务目标	按照具体要求，制作完成中国银行 LOGO，并熟练掌握形状绘制、组合、布尔运算等操作。				
任务实施	1. 合并形状。 2. 形状的布尔运算。 3. 通过 Photoshop 软件完成 LOGO 的设计与制作。				
实施总结					
小组评价					
任务点评					

前导知识

LOGO 的作用是将具体的事物、事件、场景和抽象的精神、理念、方向通过特殊的图形固定下来，使人们在看到 LOGO 的同时，自然地产生联想，从而对企业产生认同。LOGO 与企业的经营紧密相关，商标设计是企业日常经营活动、广告宣传、文化建设必不可少的元素，随着企业的成长，其价值也不断增长。可口可乐的总裁曾说过："即使一夜之间大火烧掉了可口可乐所有的资产，只要可口可乐的牌子还在，第二天就可以从银行贷到足够的钱，重建可口可乐的生产线。" LOGO 对企业的重要性由此可见一斑。因此，具有长远眼光的企业都十分重视 LOGO 的设计。在企业创建初期，好的 LOGO 设计无疑是日后无形资产积累的重要载体。

1. 媒介宣传

随着社会经济的发展和人们审美心理的变化，LOGO 设计日益趋向多元化、个性化，新材料、新工艺的广泛应用，以及数字化、网络化的实现，LOGO 设计在更广阔的视觉领域内起到了宣传和树立品牌的作用。

2. 保证信誉

品牌产品以质取信，商标是信誉的保证，通过 LOGO 可以更迅速、准确地识别判断商品的质量高低。

3. 利于竞争

优秀的 LOGO 个性鲜明，具有视觉冲击力，便于识别、记忆，有引导、促进消费，产生美好联想的作用，利于在众多的商品中脱颖而出。

小贴士

民族自信是新时代实现中华民族伟大复兴中国梦最重要的力量源泉。中华民族拥有五千年的悠久历史和灿烂文化，中华传统文化博大精深、底蕴深厚。

在设计创作过程中，要多运用中国传统文化元素，认真汲取中华优秀传统文化的思想精髓，深入挖掘中华优秀传统文化的时代价值，不断增强文化自信。

本次任务

本次任务的内容是制作中国银行 LOGO，如图 1－3－1 所示。中国银行的 LOGO，最外面是一个圆环，是由两个圆形组合在一起后，通过布尔运算得到的；中间中空的形状，是由一个圆角矩形、一个垂直的长矩形和一个直角矩形依次组合，通过布尔运算得到的，如图 1－3－1 所示。

图 1－3－1　中国银行 LOGO

（1）新建文件，右击工具栏中的形状工具组，在弹出的菜单中，单击选择"椭圆工具"，如图 1－3－2 所示。

（2）在画布上单击，在弹出的"创建椭圆"对话框中，设置形状宽度为 400 像素，高度为 400 像素，勾选"从中心"复选按钮，如图 1－3－3 所示，单击"确定"按钮，这样便绘制出一个指定大小的正圆。

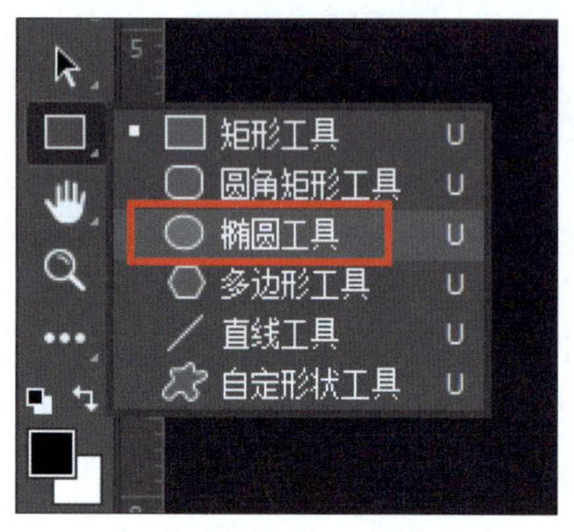

图 1-3-2 选择“椭圆工具”

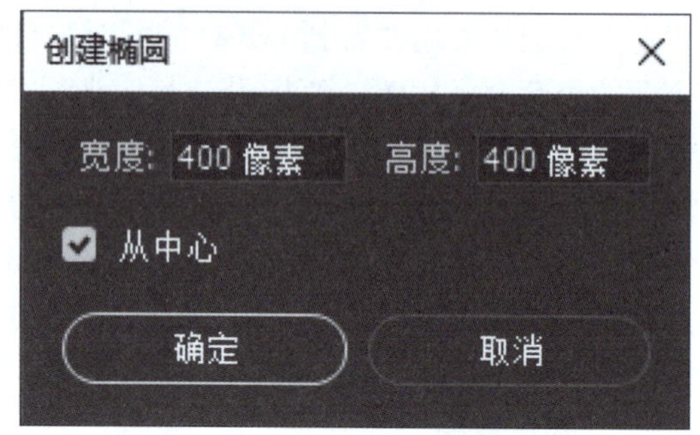

图 1-3-3 设置圆形大小

（3）单击工具栏中的“填充”，选择红色，如图 1-3-4 所示，将圆形的颜色填充为红色。

（4）接下来绘制第二个圆形，设置宽度为 300 像素，高度为 300 像素，颜色为红色。使用移动工具将小圆形放至大圆形之上，圆心对齐，如图 1-3-5 所示。

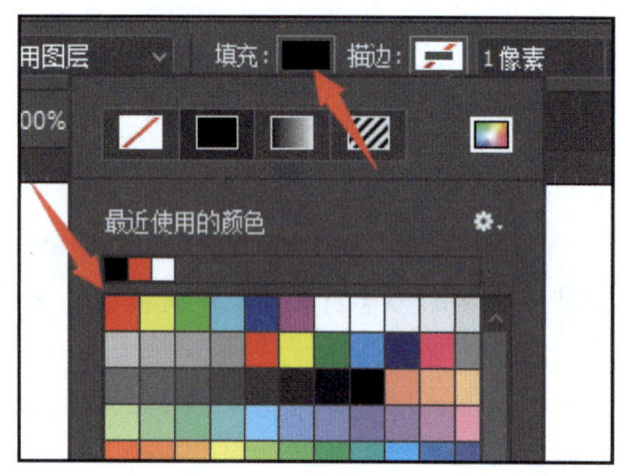

图 1-3-4 设置圆形颜色

图 1-3-5 两个圆形叠放效果

（5）按住 Shift 键，依次单击图层“椭圆 1”和图层“椭圆 2”，如图 1-3-6 所示，同时选中两个图层后，使用快捷键 Ctrl + E 将两个圆形组合在一起。

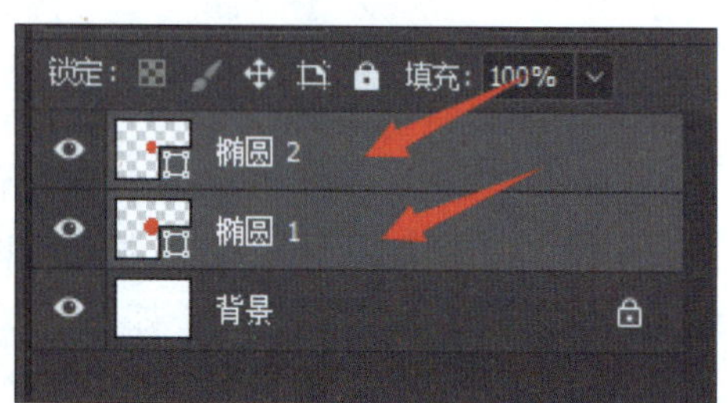

图 1-3-6 合并图层

（6）选中中间的小圆，单击工具栏中的“合并形状组件”按钮，选择“减去顶层形状”，便得到了外部的圆环，如图 1-3-7 所示。

（7）右击形状工具组，在弹出的菜单中，单击选择“圆角矩形工具”，如图 1-3-8 所示。

（8）在圆环的正中间绘制一个圆角矩形，填充颜色为红色，如图 1-3-9 所示。

（9）单击矩形工具，在圆环的正中间绘制一个垂直的长矩形，如图 1-3-10 所示。

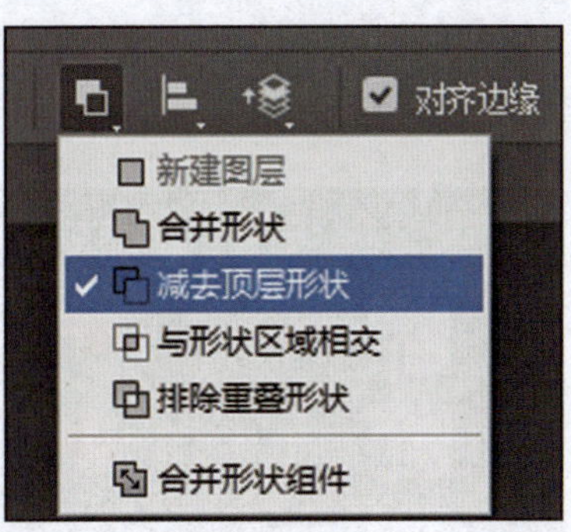

图1-3-7 组合图形

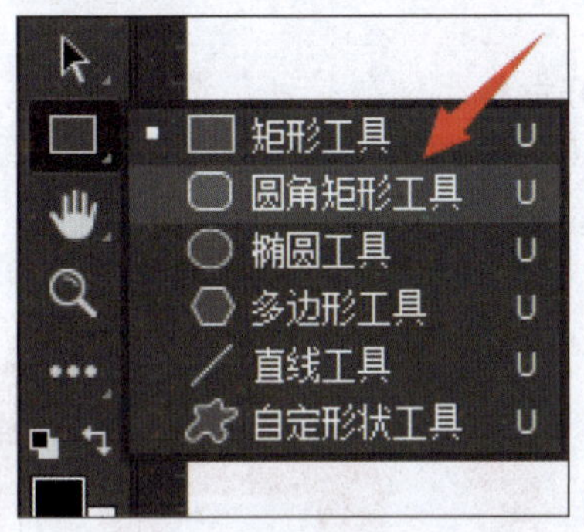

图1-3-8 选择“圆角矩形工具”

图1-3-9 绘制圆角矩形

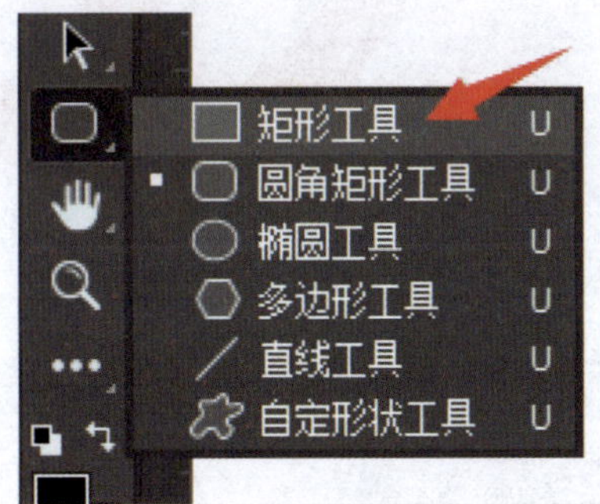

图1-3-10 绘制垂直的长矩形

(10) 按住Shift键，依次选中图层“矩形1”和图层“圆角矩形1”，如图1-3-11所示，使用快捷键Ctrl+E将两个矩形组合在一起。

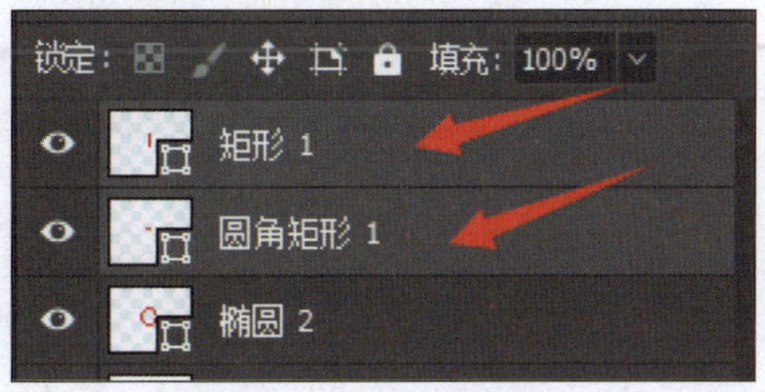

图1-3-11 合并图层

(11) 单击矩形工具，在圆角矩形的正中间绘制一个直角矩形，如图1-3-12所示。

(12) 按住Shift键，依次选中图层“矩形1”和图层“矩形2”，如图1-3-13所示，使用快捷键 Ctrl + E 将两个矩形组合在一起。

图 1－3－12　绘制直角矩形

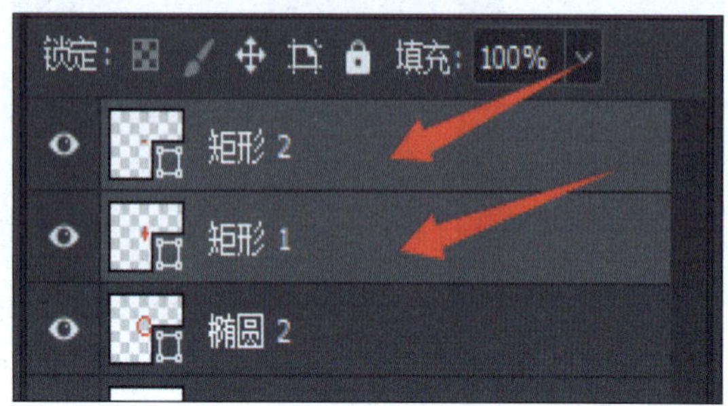

图 1－3－13　合并图层

（13）选中中间的小矩形，单击工具栏中的“合并形状组件”按钮，选择“减去顶层形状”，如图 1－3－14 所示，便得到了中国银行的 LOGO，如图 1－3－15 所示。

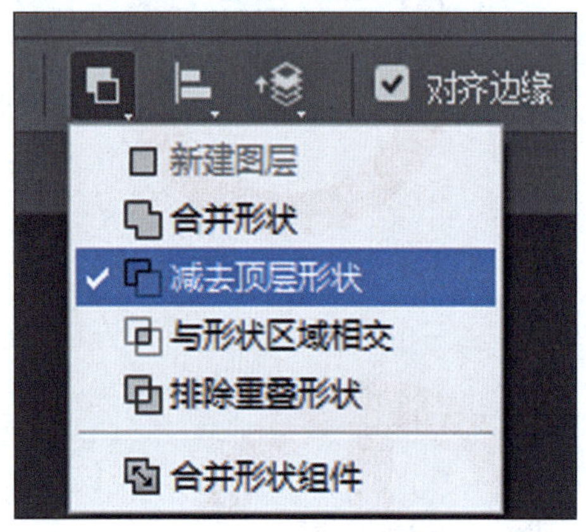

图 1－3－14　组合图形

图 1－3－15　最终效果

小贴士

在绘制形状时，要注意形状绘制和组合的先后顺序。

任务 1－4 立体文字海报设计

任务工单

<table>
<tr><td>任务名称</td><td colspan="5">立体文字海报设计</td></tr>
<tr><td>组别</td><td></td><td>成员</td><td></td><td>小组成绩</td><td></td></tr>
<tr><td>学生姓名</td><td colspan="3"></td><td>个人成绩</td><td></td></tr>
<tr><td>任务情境</td><td colspan="5">请你以设计人员的身份，按照客户需求，设计一个立体文字海报。</td></tr>
<tr><td>任务目标</td><td colspan="5">按照具体要求，完成海报的设计与制作，并熟练掌握文字、智能对象、自由变换工具、蒙版等的使用方法。</td></tr>
<tr><td>任务实施</td><td colspan="5">1. 制作文字盒子。
2. 蒙版的使用。
3. 通过 Photoshop 软件完成海报的设计与制作。</td></tr>
<tr><td>实施总结</td><td colspan="5"></td></tr>
<tr><td>小组评价</td><td colspan="5"></td></tr>
<tr><td>任务点评</td><td colspan="5"></td></tr>
</table>

前导知识

一、艺术设计中的文字元素

在进行艺术设计时，除了图形，文字也是非常重要的设计元素。在视觉传达中，文字作为画面的形象要素之一，具有传达感情的功能，因而它必须具有视觉上的美感，能够给人以美的感受。人们对于作用其视觉感官的事物以美丑来衡量，已经成为有意识或无意识的标准。

美不仅仅体现在局部，而是对图形、文字以及整个设计的把握。文字是由横、竖、点和圆弧等线条组合成的形态，在结构的安排和线条的搭配上，怎样协调图形与文字之间的关系，强调节奏与韵律，创造出更富表现力和感染力的设计，把内容准确、鲜明地传达给观众，是字体设计的重要内容。优秀的设计能让人过目不忘，既起着传递信息的功效，又能达到视觉审美的目的。

二、文字工具

在 Photoshop 中，输入文字时要使用文字工具。

1. 文字工具的位置

在工具栏中，有一个大写字母 T 的图标，就是文字工具。右击文字工具，在弹出的菜单中，便可以看到 Photoshop 内含的四个文字工具，如图 1－4－1 所示。

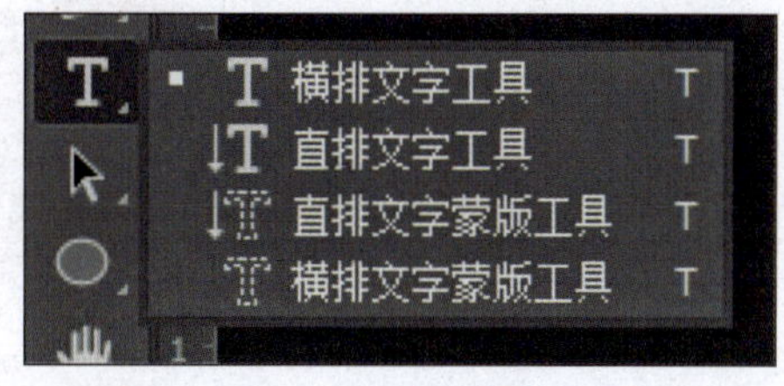

图 1－4－1 文字工具的位置

2. 输入文字的方法

单击选择一种文字工具，在画布上想要输入文字的位置单击，便会出现一个“I”的图标，这就是输入文字的基线。输入所需文字，就会自动生成一个文字图层。

3. 实用小技巧

Ctrl + 空格键为放大工具；Alt + 空格键为缩小工具。

三、智能对象

智能对象是包含栅格或矢量图像（如 Photoshop 或 Illustrator 文件）中的图像数据的图层。智能对象将保留图像的源内容及其所有原始特性，执行非破坏性变换。

通过转换成智能对象，在对图片添加效果的时候，无论如何处理，原图片都不会有变化，所有的处理效果都在图片外，既不会丢失原始图像数据，也不会降低品质，在不需要的时候可以随时删除，这样大大增加了图片修改的灵活性。

四、蒙版

在使用 Photoshop 进行图形处理时，常常需要保护一部分图像，以使它们不受各种处理操作的影响，蒙版就是这样的一种工具。它是一种灰度图像，其作用就像一张布，可以遮盖住处理区域中的一部分，在对处理区域内的整个图像进行模糊、上色等操作时，被蒙版遮盖起来的部分就不会改变。

小贴士

党的十九大报告中，明确提出了弘扬工匠精神的要求。工匠精神是以爱国主义为核心的民族精神和以改革创新为核心的时代精神的生动体现，是鼓舞全党全国各族人民风雨无阻、勇敢前进的强大精神动力。

在学习和设计过程中，要秉承“执着专注、精益求精、一丝不苟、追求卓越”的工匠精神，不断提高自身的专业技能和职业素养。

本次任务

本次任务的内容是制作立体文字海报，如图1－4－2所示。立体文字海报是由四个立体的文字盒子堆叠而成的。首先用文字和矩形组成盒子的一个“面”，再用三个面组合成一个立体的盒子形状，最后将四个盒子按照一定的顺序排列组合。

图1－4－2　立体文字海报效果

（1）新建文件，单击“前景色”，打开“拾色器”对话框，将前景色修改为橙色，单击“确定”按钮，保存设置，如图1－4－3所示。

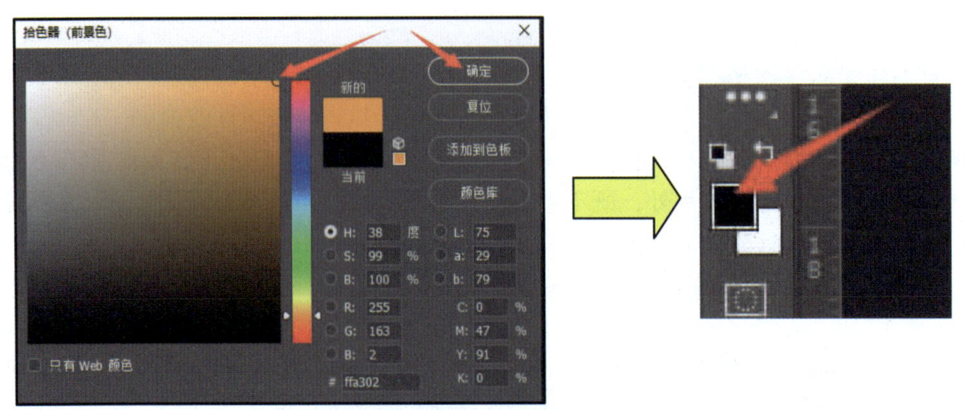

图1－4－3　设置前景色

（2）右击工具栏中的形状工具组，在弹出的菜单中，单击选择“椭圆工具”。

（3）单击选择“油漆桶工具”，如图 1－4－4 所示，然后单击画布，此时，画布的颜色就变成了橙色。

（4）单击选择“矩形工具”，如图 1－4－5 所示，将工具栏中的“填充”设置为“无填充”，将“描边”设置为白色，将边框粗细设置为 3 像素，如图 1－4－6 所示，然后在画布上绘制一个矩形。

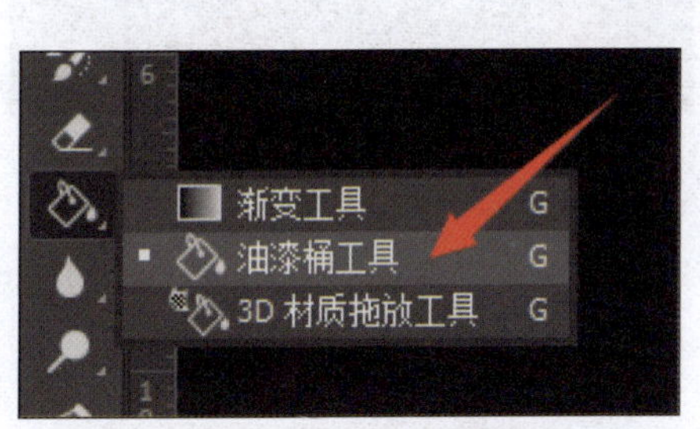

图 1－4－4　使用“油漆桶工具”

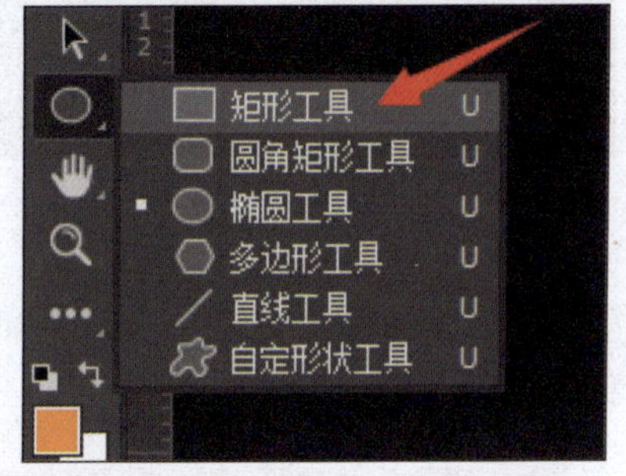

图 1－4－5　使用“矩形工具”

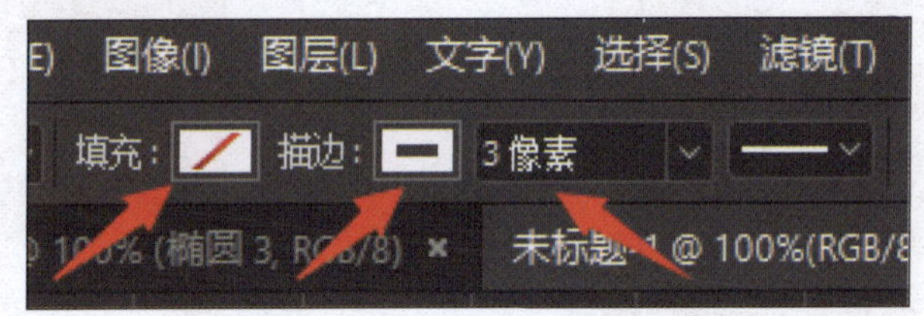

图 1－4－6　设置矩形边框属性

（5）选择横排文字工具，在矩形内单击，然后输入“天天向上”，将“向上”两个字换至下一行。

（6）将文字颜色修改为白色，然后依次修改字体的大小、行距和字符间距，如图 1－4－7 所示。

（7）使用移动工具调整文字在矩形框里面的位置，也可以利用上、下、左、右键进行位置的微调，直至文字充满整个矩形框，如图 1－4－8 所示，这样文字盒子的“面”就做好了。

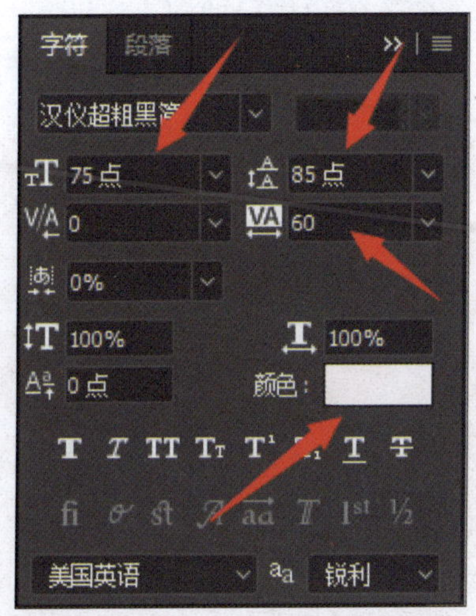

图 1－4－7　设置字体属性

图 1－4－8　完成效果

(8) 按住 Shift 键，依次选中图层“矩形 1”和图层“天天向上”，右击，在弹出的快捷菜单中选择“转换为智能对象”，将文字和矩形框合并在一起，如图 1-4-9 所示。

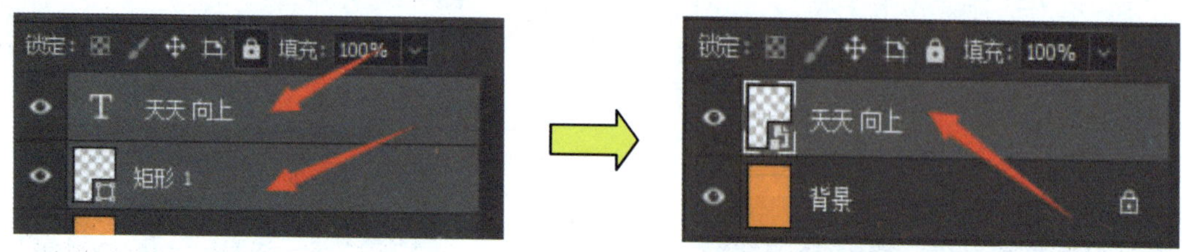

图 1-4-9　转换为智能对象

(9) 按自由变换工具快捷键 Ctrl + T，按住 Ctrl 键，鼠标左键按住右侧边框中点的锚点，调整到一个合适的角度，如图 1-4-10 所示，设置完成后，按 Enter 键应用该变换。

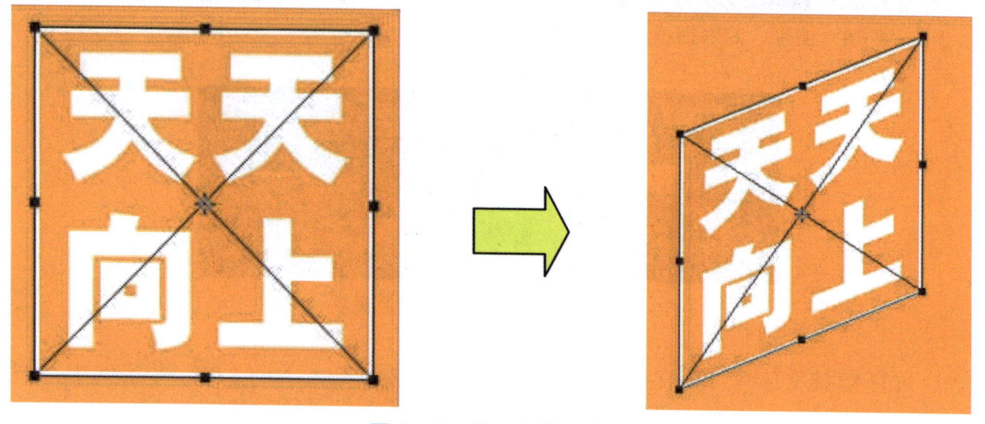

图 1-4-10　变换形状

(10) 复制图层“天天向上”，制作盒子的另外一个面。使用移动工具将第二个面的右侧边框与第一个面的左侧边框对齐，可以使用上、下、左、右键进行位置的微调。

(11) 选中图层“天天向上拷贝”，按自由变换工具快捷键 Ctrl + T，按住 Ctrl 键，鼠标左键按住第二个面的左侧边框中点的锚点，调整到一个合适的角度，如图 1-4-11 所示，设置完成后，按 Enter 键应用该变换。

图 1-4-11　变换第二个面的形状

（12）使用同样的方法，复制出第三个面，并调整至合适的位置，完成文字盒子的制作，如图 1 -4 -12 所示。

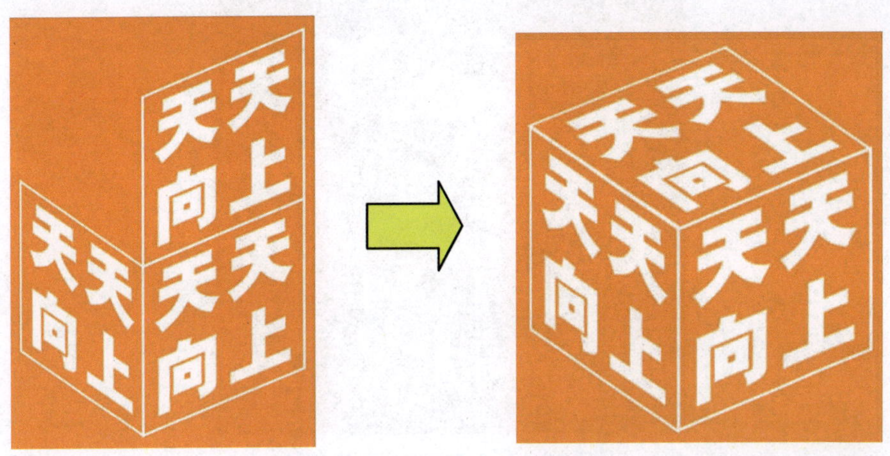

图 1 -4 -12　变换第三个面的形状

（13）做好盒子以后，按照位置，依次将三个面所在图层的名称修改为“上”“左”和“右”，如图 1 -4 -13 所示。

（14）为不同的面设置不同的不透明度。将右面的不透明度设置为 80%，将左面的不透明度设置为 50%，如图 1 -4 -14 所示，这样盒子不同的面就呈现出了不同的明暗效果，如图 1 -4 -15 所示。

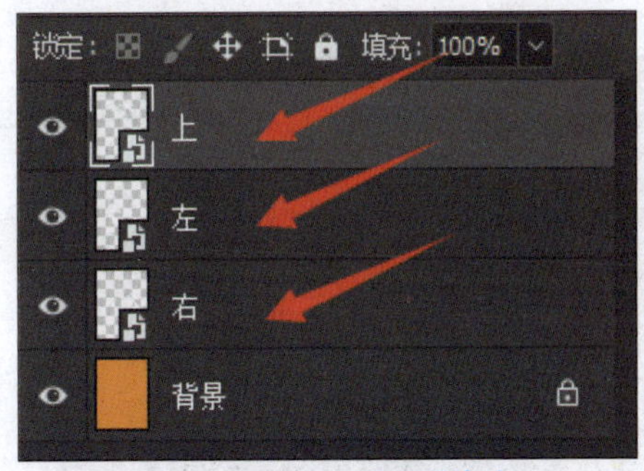

图 1 -4 -13　图层重命名

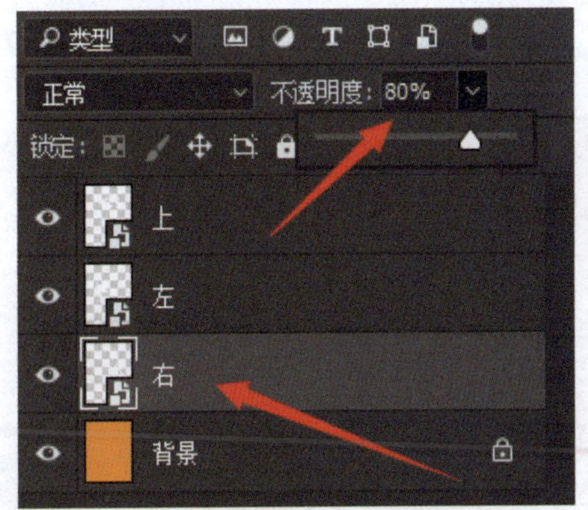

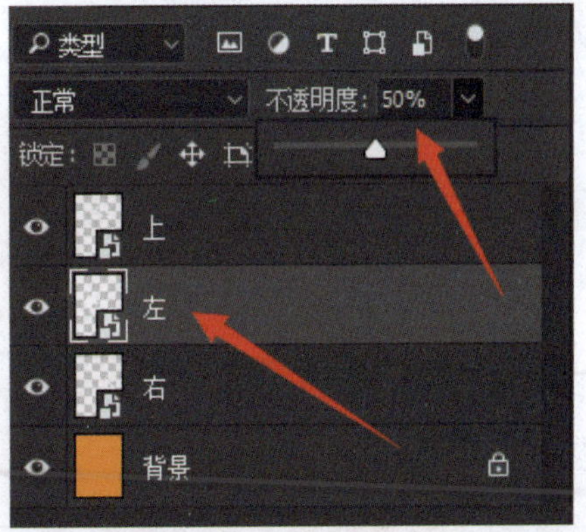

图 1 -4 -14　设置不透明度

（15）按住 Shift 键，依次选中图层“左”“右”和“上”，右击，在弹出的快捷菜单中选择“转换为智能对象”，将盒子的三个面合并在一起。将合并后得到的新图层重命名为“盒子 1”，如图 1 -4 -16 所示。

（16）移动第一个盒子至画布的最下方，调整好位置，如图 1 -4 -17 所示。

图 1-4-15 文字盒子完成效果

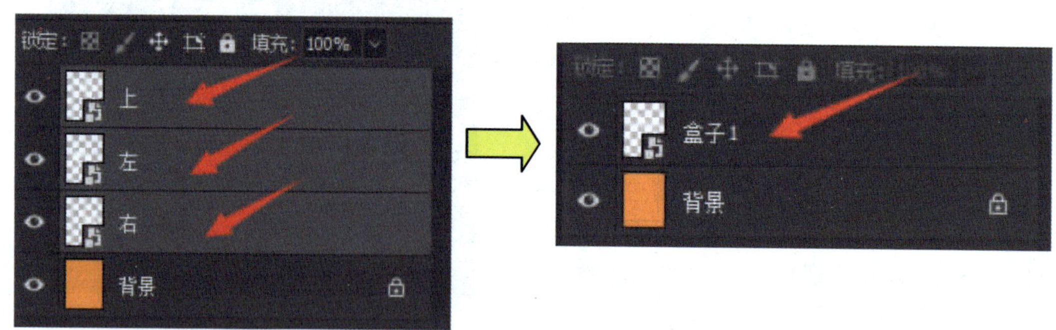

图 1-4-16 转换为智能对象

图 1-4-17 调整第一个盒子的位置

（17）复制图层“盒子 1”，生成三个新盒子，并将新盒子依次移动到相应的位置，如图 1-4-18 所示。

图 1－4－18　依次添加盒子

（18）选中第二个盒子所在的图层“盒子 1 拷贝”，为该图层添加蒙版，如图 1－4－19 所示。

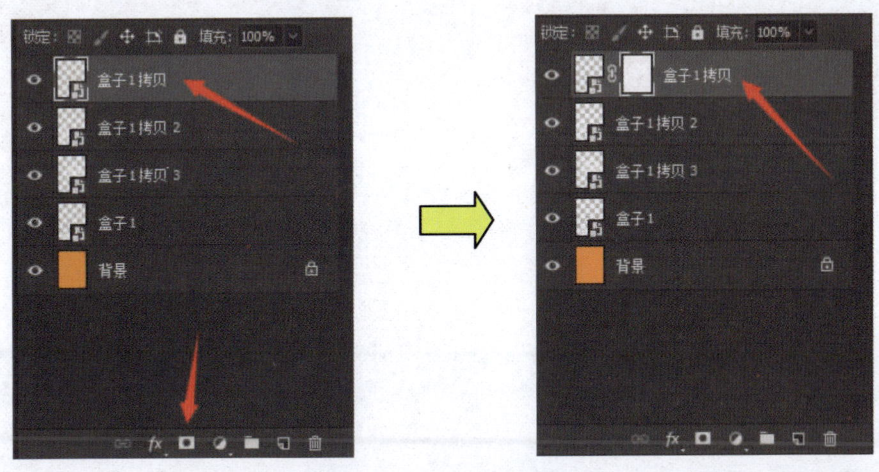

图 1－4－19　添加蒙版

（19）将前景色修改为黑色，使用多边形套索工具进行选取。将第二个盒子左面被第一个盒子遮挡的部分沿边框依次选取，如图 1－4－20 所示。选取的过程中，按住 Shift 键。

（20）选中蒙版，然后使用油漆桶工具，单击选区部分，选区部分的文字就被遮挡住了，如图 1－4－21 所示。使用快捷键 Ctrl＋D 可以取消选区。

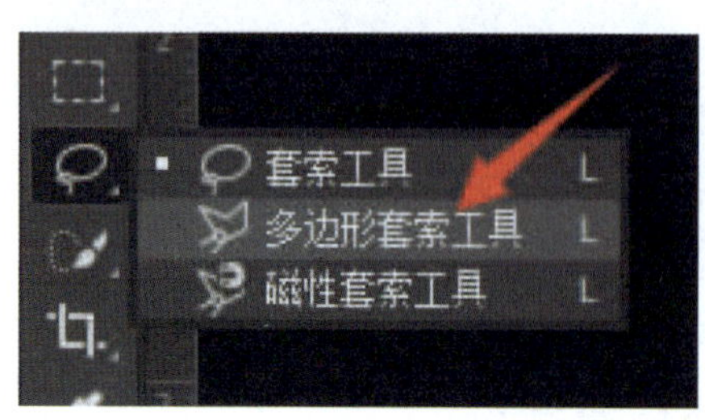

图 1-4-20　使用多边形套索工具

（21）使用同样的方法，依次为第三个和第四个盒子添加蒙版，然后将多余的文字部分使用蒙版遮挡，便可以得到最终的效果，如图 1-4-22 所示。

图 1-4-21　使用蒙版遮挡后的效果

图 1-4-22　最终效果

任务1－5 文字切割效果海报设计

任务工单

<table>
<tr><td>任务名称</td><td colspan="5">文字切割效果海报设计</td></tr>
<tr><td>组别</td><td></td><td>成员</td><td></td><td>小组成绩</td><td></td></tr>
<tr><td>学生姓名</td><td colspan="3"></td><td>个人成绩</td><td></td></tr>
<tr><td>任务情境</td><td colspan="5">请你以设计人员的身份，按照客户需求，设计并制作一个文字切割效果的海报。</td></tr>
<tr><td>任务目标</td><td colspan="5">按照具体要求，完成海报的设计与制作，并熟练掌握添加文字、剪切图层、复制图层、添加投影效果、添加蒙版的操作方法。</td></tr>
<tr><td>任务实施</td><td colspan="5">1. 添加背景图片。
2. 切割文字。
3. 使用蒙版。
4. 通过 Photoshop 软件完成海报的设计与制作。</td></tr>
<tr><td>实施总结</td><td colspan="5"></td></tr>
<tr><td>小组评价</td><td colspan="5"></td></tr>
<tr><td>任务点评</td><td colspan="5"></td></tr>
</table>

前导知识

一、海报设计

海报设计是视觉传达的表现形式之一，通过版面的构成，在第一时间将人们的目光吸引，并获得瞬间的刺激，这要求设计者将图片、文字、色彩、空间等要素进行完整的结合，以恰当的形式向人们展示出宣传信息。

海报的语言要求简明扼要，形式要做到新颖美观，构图时讲究静动对比。在一种图案中，往往会发现这种现象，也就是在一种包装主题名称处的背景或周边表现出的爆炸性图案看上去漫不经心，实则是故意涂抹的几笔疯狂的粗线条，或飘带形的英文或图案等，都表现出一种“动态”的感觉，主题名称端庄稳重，而大背景则轻淡平静，这种场面便是静和动的对比。这种对比，视觉效果让人感到舒服，符合人们的正常审美心理。

二、栅格化

栅格化，是 Photoshop 中的一个专业术语，栅格即像素，栅格化即将矢量图形转化为位图（栅格图像）。简单理解，栅格化就是把非像素的东西变成像素。文字在被栅格化之前并非像素构成，所以某些命令和工具不适用于文字图层，必须在应用命令或使用工具之前将其栅格化，即把文字变成像素。

文字图层一旦被栅格化，该文字图层就转变成了普通的图层，虽然可以在该图层上添加一些效果或执行一些命令，但是栅格化的文字不再具备文字的属性，也就是不能再改变文字的内容、字体、字号等属性了。

小贴士

美育教育是新时代培养德智体美劳全面发展的社会主义建设者和接班人的重要着力点，在“立德树人”方面发挥着独特的、不可替代的作用。

通过鉴赏优秀作品，特别是富含中华优秀传统文化的作品，不断提高学生的审美，以达到通过美育教育不断提高道德情操，促进智力、体力健康发展的目的。

本次任务

本次任务的内容是制作文字切割效果海报，如图 1－5－1 所示。文字切割效果海报，首先用文字和矩形组成一个“静态”的效果，然后对文字进行切割、添加阴影，最后实现静动对比。

(1) 新建文件，单击“文件”菜单，在弹出的下拉菜单中选择“置入嵌入的智能对象”，在弹出的“置入”对话框中，找到背景图片所在的文件夹，单击选中图片，单击“置入”按钮，图片便被添加到新建的画布中，如图 1－5－2

图 1－5－1　文字切割效果海报

所示。

（2）鼠标左键按住图片四周的锚点，将图片调整成合适的大小，单击上方工具栏中的“√”按钮，即可保存设置，如图 1 – 5 – 3 所示。

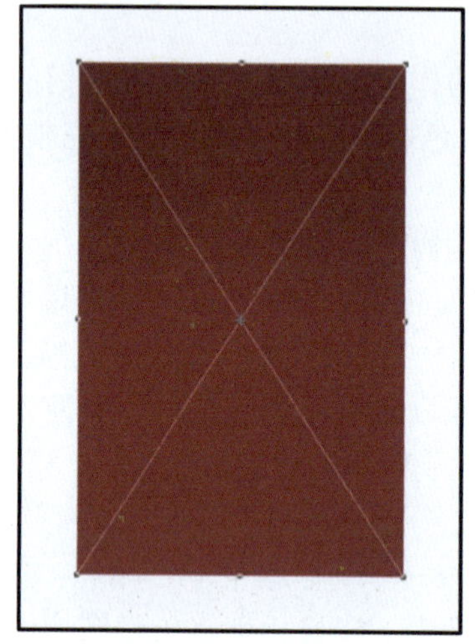

图 1 –5 –2　添加背景图片

图 1 –5 –3　将图片调整至合适大小

（3）选择“横排文字工具”，如图 1 – 5 – 4 所示，单击画布，输入文字“天天向上”。

（4）选中文字，将文字的颜色修改为白色，然后依次修改字体的大小、字符间距，如图 1 – 5 – 5 所示。

图 1 –5 –4　文字工具的位置

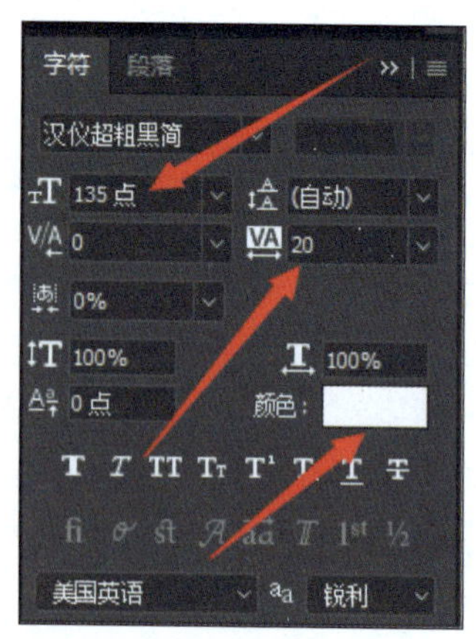

图 1 –5 –5　设置字体属性

（5）按自由变换工具快捷键 Ctrl + T，鼠标左键按住文字右下角的锚点，将文字旋转 90°，将文字移动至画布的正中间，如图 1 – 5 – 6 所示。设置完成后，按 Enter 键应用该变换。

（6）由于不能直接对文字进行切割操作，所以需要先对它进行栅格化处理。选中“天天向上”图层，右击，在弹出的快捷菜单中，选择“栅格化文字”，如图 1 – 5 – 7 所示。

（7）使用选区工具，选中文字的“左半部分”，如图 1 – 5 – 8 所示。使用快捷键 Ctrl + Shift + J 将选区选中的文字部分剪切掉，得到一个新的图层，即“图层 1”，如图 1 – 5 – 9 所示。

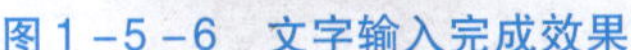
图 1－5－6　文字输入完成效果

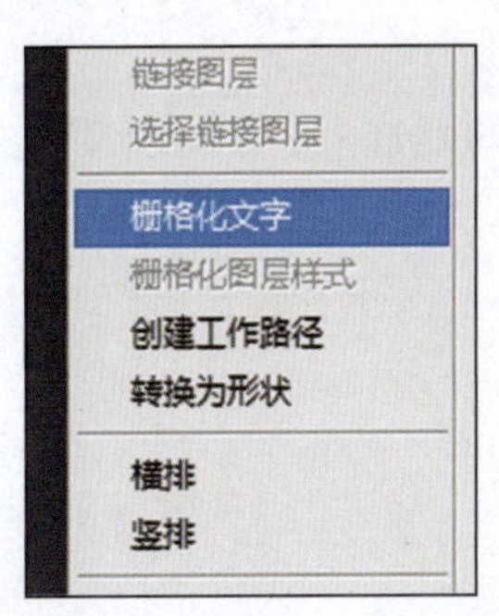

图 －5－7　选择“栅格化文字”

图 1－5－8　选区选中文字

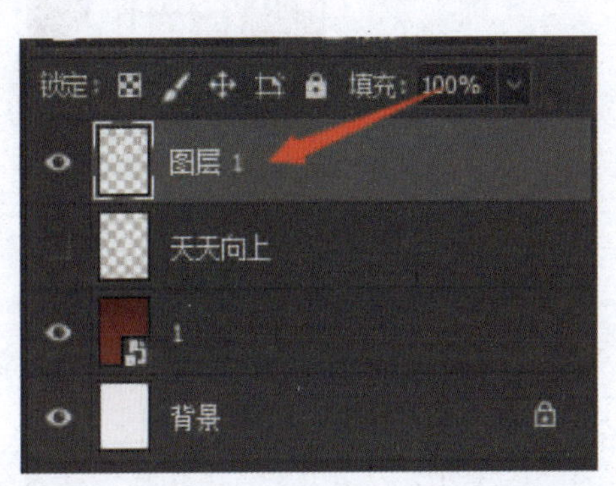

图 1－5－9　剪切得到的新图层及文字效果

（8）选中背景图层“1”，再次使用选区工具，选取文字的“左半部分”，使用快捷键 Ctrl + J 将选区选中的文字部分进行复制，得到一个新的图层，即“图层 2”，如图 1－5－10 所示。

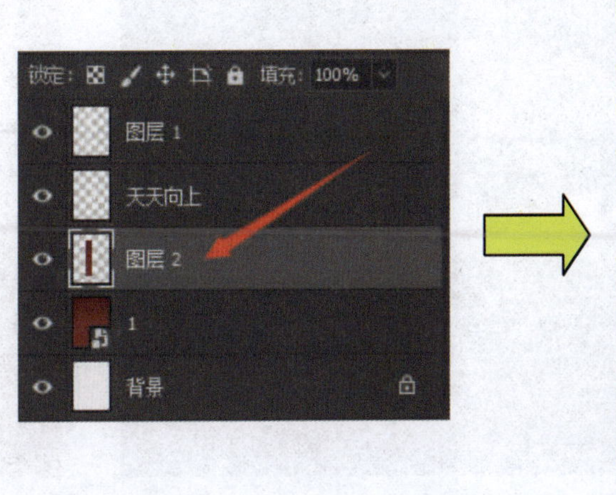

图 1－5－10　复制得到的新图层及文字效果

（9）选中“图层 1”，使用移动工具，将文字的“左半部分”向左移动一些，让文字左、右两部分中间出现缝隙，如图 1－5－11 所示。然后选中“图层 2”，在“图层 2”上双击，打开“图层样式”对话框。

（10）勾选“投影”选项前的复选框，“图层 2”文字部分的周围就出现了阴影，有了立体浮现的效果，如图 1－5－12 所示。

图 1－5－11　文字缝隙效果

图 1－5－12　文字阴影立体浮现效果

（11）双击“投影”选项，依次对投影“不透明度”“角度”“扩展”“大小”参数的数值进行设置，如图 1－5－13 所示。可以一边调整一边预览，直至得到满意的投影效果，如图 1－5－14 所示。

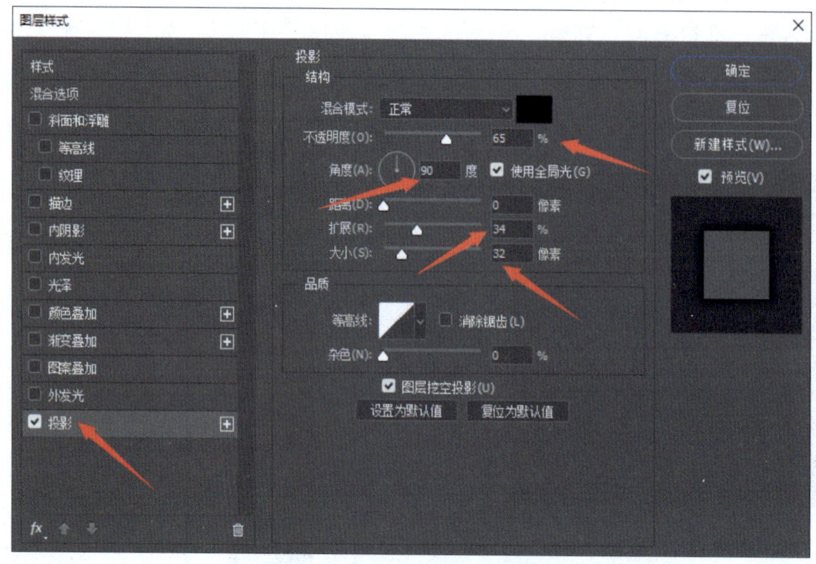

图 1－5－13　设置投影参数

图 1－5－14　添加投影后的效果

（12）设置了投影后，右侧的阴影被右半边的文字遮挡住了，如果想让阴影投影在右半边的文字之上，需要调整图层“天天向上”和“图层 2”的位置。选中图层“天天向上”，按住鼠标，将其拖曳至“图层 2”下面，松开鼠标即可，如图 1－5－15 所示，此时，右侧的阴影就投影在右半边的文字之上了，如图 1－5－16 所示。

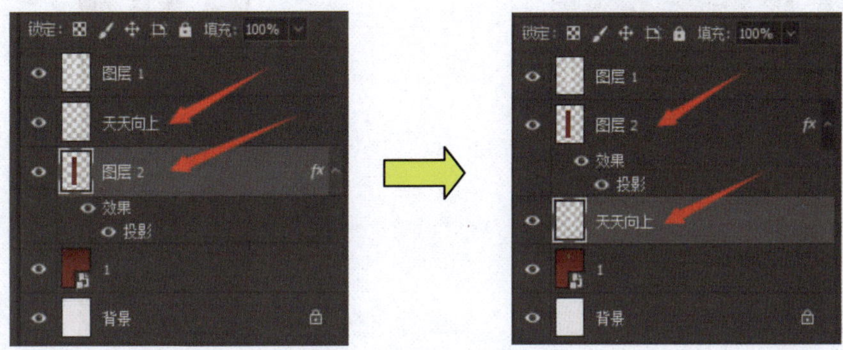

图 1－5－15　调整图层位置

（13）选中“图层 1”，使用移动工具，将文字的“左半部分”向右移动回原来的位置，如图 1－5－17 所示。

图 1－5－16　投影显示在文字之上

图 1－5－17　调整文字位置

（14）只需要阴影右侧的部分，需要将上、下和左侧的阴影去除。选中“图层 2”，右击，在弹出的快捷菜单中选择“转换为智能对象”，如图 1－5－18 所示，然后为“图层 2”添加蒙版，如图 1－5－19 所示。

（15）将前景色转换为“白色”，将背景色转换为“黑色”，选中“橡皮”工具，将多余的三条阴影擦除，如图 1－5－20 所示。

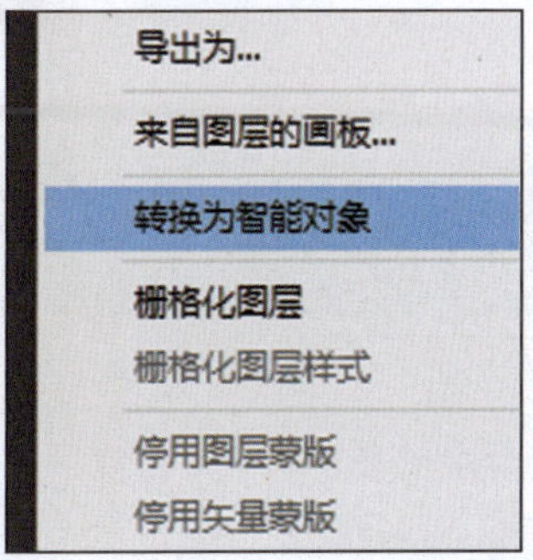

图 1－5－18　选择“转换为智能对象”

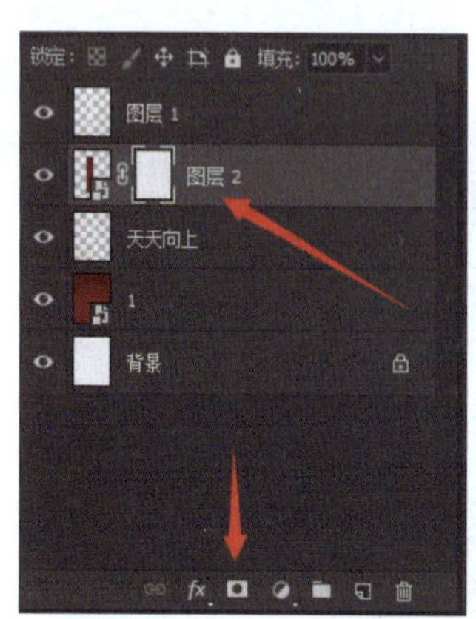

图 1 -5 -19　添加蒙版

图 1 -5 -20　擦除阴影后的效果

（16）使用矩形工具，在文字的外部绘制白色的边框。这样，文字切割效果海报就制作完成了，如图 1 -5 -21 所示。

图 1 -5 -21　最终效果

项目二　banner 设计

任务 2-1 牧场 banner 设计

任务工单

<table>
<tr><td>任务名称</td><td colspan="4">牧场 banner 设计</td></tr>
<tr><td>组别</td><td></td><td>成员</td><td></td><td>小组成绩</td><td></td></tr>
<tr><td>学生姓名</td><td colspan="3"></td><td>个人成绩</td><td></td></tr>
<tr><td>任务情境</td><td colspan="5">按照客户需求完成产品 banner 设计。现在请你以设计人员的身份，运用已有素材为呼伦贝尔大草原的梅花鹿肉销售设计一款醒目的 banner。</td></tr>
<tr><td>任务目标</td><td colspan="5">结合企业特点，完成适合产品的 banner 设计。</td></tr>
<tr><td>任务实施</td><td colspan="5">1. 了解关于 banner 的设计特点和常用构图方式。
2. 了解产品背景，分析产品特点，确定产品 banner 设计思路。
通过 Photoshop 软件完成设计。</td></tr>
<tr><td>实施总结</td><td colspan="5"></td></tr>
<tr><td>小组评价</td><td colspan="5"></td></tr>
<tr><td>任务点评</td><td colspan="5"></td></tr>
</table>

前导知识

一、banner 设计的概念

banner 设计是什么意思？打开手机 App 或者是网页，会发现首页被划分成了几个版块，其中处于顶部位置的，往往是几张轮播的图片，这些图片就是 banner 图。

简单理解，从网站的角度来讲，banner 主要是指页面中的横幅广告。banner 广告主要存在于网站的首页导航顶端，也可以是内容资讯页的顶端，抑或是网站页脚底部。通常而言，banner 广告应用在电商网站中，站内的引导与推广最为引人注目。

二、banner 设计基础

1. banner 设计要点

通常而言，在做网站 banner 广告时，要尽量合理地控制图片中的文字数量，思考采用什么样的号召用语有利于引起用户的注意，因此，需要深度研究潜在访客的用户需求。

2. banner 素材颜色

设计与制作 banner 时，应注重用户的视觉传达，颜色除了要与网站的色彩很好地融合在一起之外，还需要尽量保持简洁、舒适，尽量不要做强烈的视觉冲击与反差，它将与网站的内容脱离，格格不入。

现在，尽管研究已经在高度受控的测试环境中进行了实验，反复证明了某些颜色对情绪的影响。

三、banner 设计要求

1. banner 广告尺寸

根据以往的数据统计，在网站中，较大横幅广告更容易被用户点击，比如：970×250 的尺寸，它的广告点击率可以高达 60% 以上。

当然，这只是一个相对性的概念，并不是绝对性的。

2. banner 广告位置

在设置网站 banner 时，经常会考虑将其放在网站右侧栏，特别是个人博客，但在实际测试中，banner 广告的位置尤为重要。

由于在线用户较少关注网站最右侧的内容，因此，建议将横幅广告放在首屏上方。

任务实施

本 banner 的主题是为产自呼伦贝尔牧场的梅花鹿肉设计产品宣传的 banner。厂家为 banner 提供了一段文字描述，由于字数偏多，banner 的设计需要考虑文字所占的面积，这就要求背景简洁，以突出文字。

草原中广阔的天空、茂密的牧草、纯净的夜空都是可取的素材点。根据素材图片制作得出一个简洁、空灵的背景，配以“梅花鹿肉”的装饰文字，同时突出零污染、零添加的健康理念。

一、需求分析与要点提取

要做一个牧场产品的 banner，需要用到的是文字工具及一些基本的图形操作。做广告就是要凸显出产品的特点，因此需要总结产品的卖点是什么。

二、竞品分析与素材收集

设计时，可以把草原、星空、牧场这些元素和文字融合在一起，最终得到想要的效果。

小贴士

知识产权是创意设计行业中最重要的资产之一。设计师和公司应该确保他们的设计作品不会侵犯他人的版权、商标权或专利权。为了降低知识产权侵权风险，设计师可以进行充分的市场调研，确保他们的设计与现有作品有所区别。此外，签署保密协议可以帮助保护设计的独特性，并限制对设计作品的未授权访问。如果存在侵权纠纷，设计师应寻求专业的法律咨询，并遵循法律程序来解决争议。

本次任务完成效果如图 2－1－1 所示。

图 2－1－1　banner 完成效果图

（1）新建一个国际标准纸张，一个 1 120 mm × 600 mm 的画布，如图 2－1－2 所示。

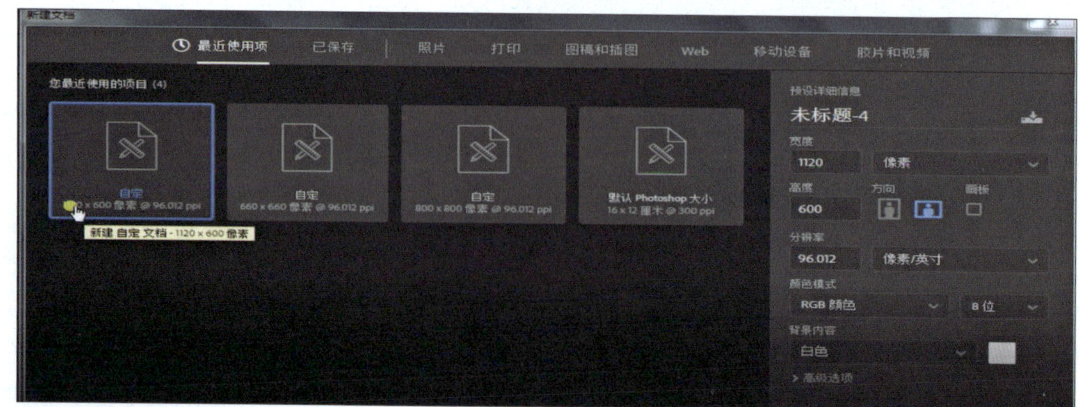

图 2－1－2　新建画布

（2）单击工具栏，设置前景色为黑色。使用油漆桶工具或者使用拾色器来设置前景色，如图 2-1-3 所示。

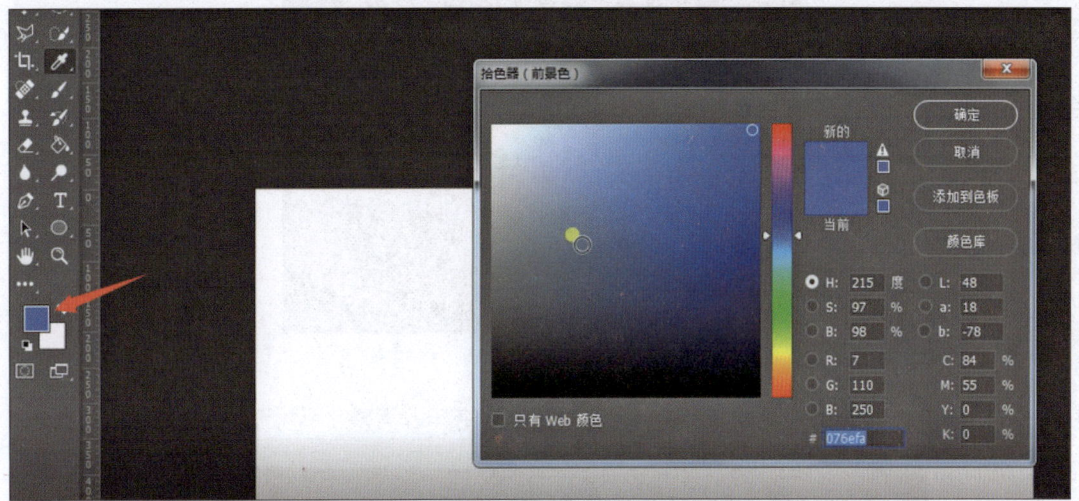

图 2-1-3　前景色设置

（3）加入素材图片，并使用栅格化图层来修改图片大小，如图 2-1-4 和图 2-1-5 所示。

图 2-1-4　在图层中选择刚加入的图片

图 2-1-5　栅格化图层

（4）为突显文字，调节图片的不透明度为30%，如图2-1-6所示。

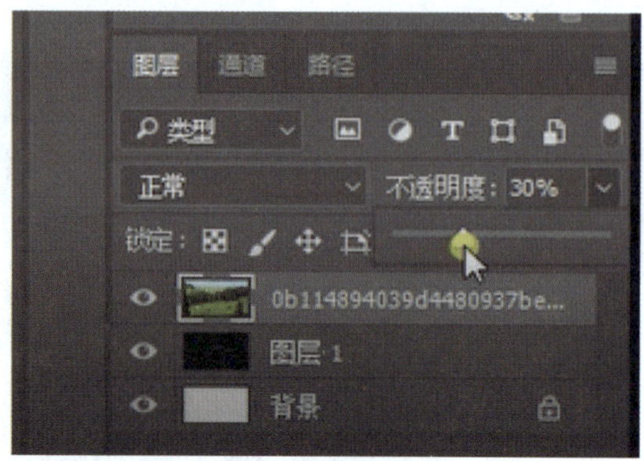

图2-1-6　调节图片的不透明度

（5）加入星光效果图片，使用鼠标拖曳图片，使其占满整个背景，如图2-1-7所示。

图2-1-7　加入星光效果

（6）关闭星光图层，对草原图层进行操作。选择橡皮擦工具，调节橡皮擦属性值，擦除图片中上、下两部分，使草原图片和黑色背景之间有个过渡，如图2-1-8所示。

图2-1-8　擦除效果

(7) 栅格化星光图层，调节图层的不透明度，并使用橡皮擦工具擦除中间不需要的部分，如图 2－1－9 所示。

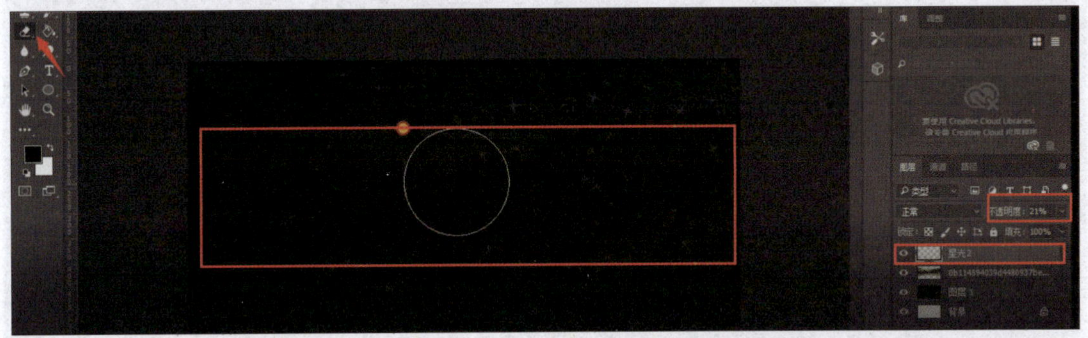

图 2－1－9　星光图层设置效果

(8) 新建一个名为“背景”的组，将星光、草原的图片放入组中，如图 2－1－10 所示。

(9) 新建“文字”组，并在该组中新建文字图层。使用文字工具对 banner 中的文字进行设置，如图 2－1－11 所示。

(10) 使用拖曳工具调整文字的位置，使用矩形和圆形工具加入文字效果，如图 2－1－12 所示。

(11) 同样，加入其他描述性文字，调整文字最终效果，如图 2－1－13 所示。

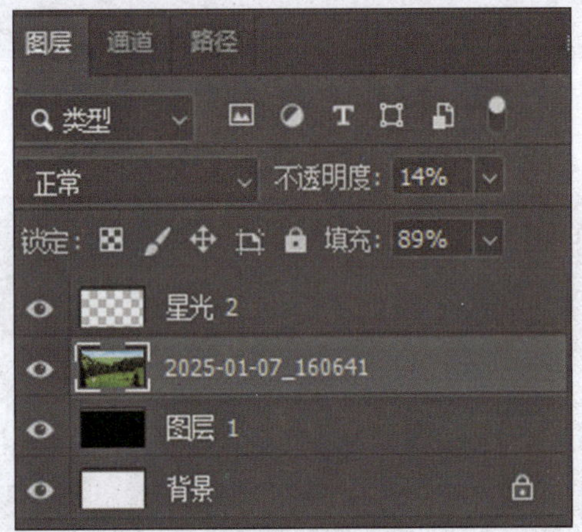

图 2－1－10　新建图层组

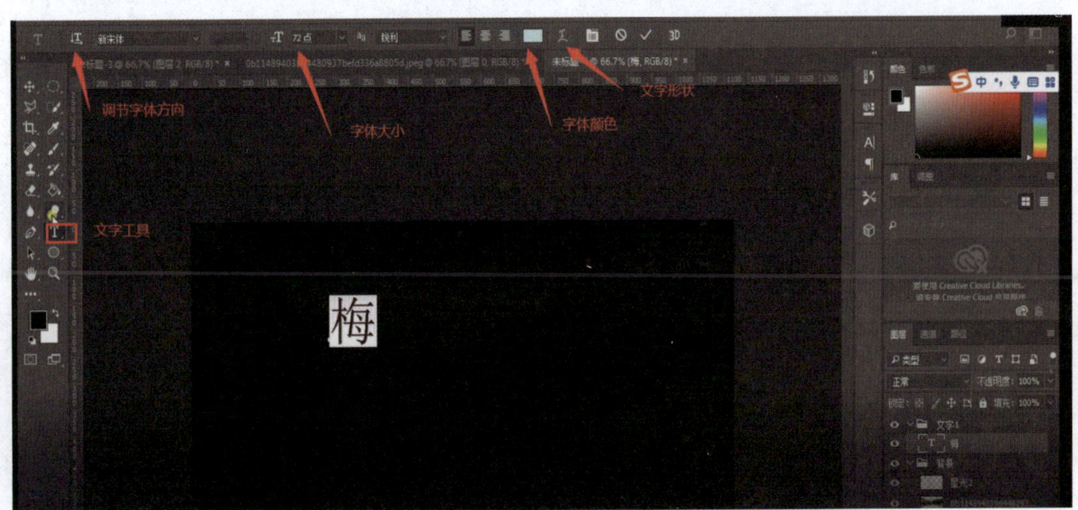

图 2－1－11　文字设置

图 2-1-12　调整文字效果

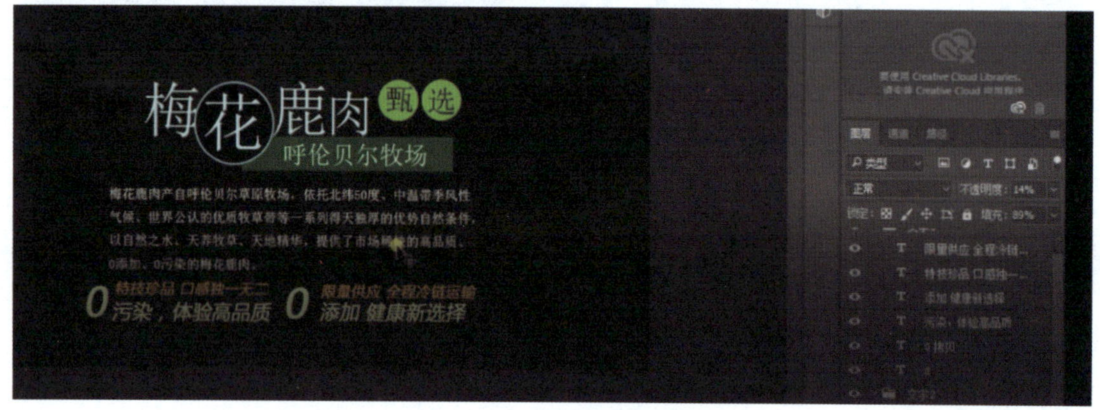

图 2-1-13　调整文字最终效果

任务 2-2 时尚潮流前沿 banner 设计

任务工单

<table>
<tr><td>任务名称</td><td colspan="5">时尚潮流前沿 banner 设计</td></tr>
<tr><td>组别</td><td></td><td>成员</td><td></td><td>小组成绩</td><td></td></tr>
<tr><td>学生姓名</td><td colspan="3"></td><td>个人成绩</td><td></td></tr>
<tr><td>任务情境</td><td colspan="5">按照客户需求完成特定商品 banner 设计。现在请你以设计人员的身份，为特定商品展示设计一款醒目的 banner。</td></tr>
<tr><td>任务目标</td><td colspan="5">结合企业特点，完成适合产品的 banner 设计。</td></tr>
<tr><td>任务实施</td><td colspan="5">1. 分析商品 banner 中包含的元素。
2. 产品背景、特点分析，定位设计思路。
3. 通过 Photoshop 软件完成设计。</td></tr>
<tr><td>实施总结</td><td colspan="5"></td></tr>
<tr><td>小组评价</td><td colspan="5"></td></tr>
<tr><td>任务点评</td><td colspan="5"></td></tr>
</table>

前导知识

网页 banner 设计的原则

在 banner 的有限空间内做好各种信息的平衡和协调非常重要，下面介绍网页 banner 设计的原则。

1. 主题明确

要突出产品主题，让用户一眼就能识别广告用意。

2. 符合阅读习惯

要符合用户从左到右、从上到下的浏览习惯。

3. 重点文字突出

用文字进一步地告诉用户，是打折还是新货上市。如果最大的卖点是折扣，那么折扣字样一定要大，要醒目，其余的则需要相应的弱化。

4. 色彩不要过于要醒目

有些广告主要求使用比较夸张的色彩来吸引访问者眼球，希望由此提升 banner 的关注度。实际上，“亮”色虽然能吸引眼球，但往往会让访问者感觉刺眼、不友好甚至产生反感。所以，过度耀眼的色彩是不可取的。

5. 信息数量要平衡

在 banner 的有限空间内做好各种信息的平衡和协调非常重要。

6. 用最短时间激起点击欲望

用户浏览网页的集中注意力时间一般也就几秒，所以不需要太多过场动画，需在第一时间进行产品的展示，命中主题，并配以鼓动人心的口号引导用户。

7. 产品数量不宜过多

很多广告主总是想展示更多产品，少则 4 ~ 5 个，多则 8 ~ 10 个，结果使整个 banner 变成产品的堆砌。banner 的显示尺寸非常有限，摆放太多产品，视觉效果大打折扣。所以，产品图片不是越多越好，易于识别是关键。

任务实施

（1）新建一个 1 920 像素 ×1 200 像素的画布，如图 2 – 2 – 1 所示。

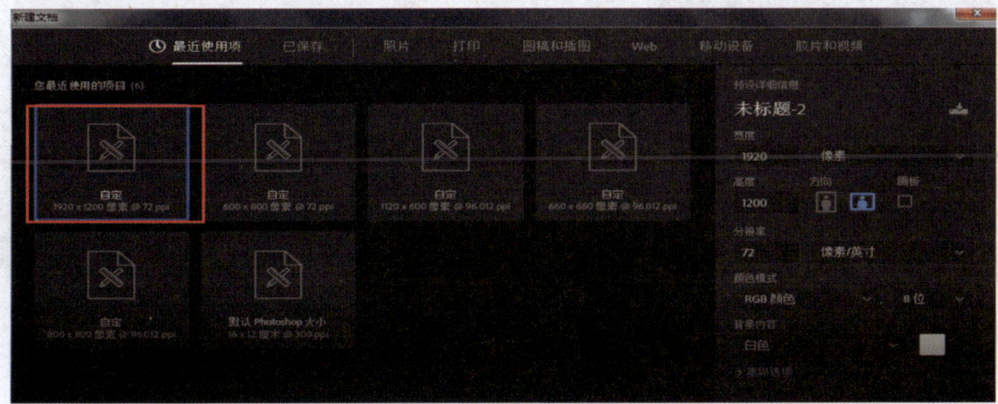

图 2 – 2 – 1　新建画布

（2）设置背景颜色。首先设置最底层的颜色，建议选取黑红色，如图 2－2－2 所示。

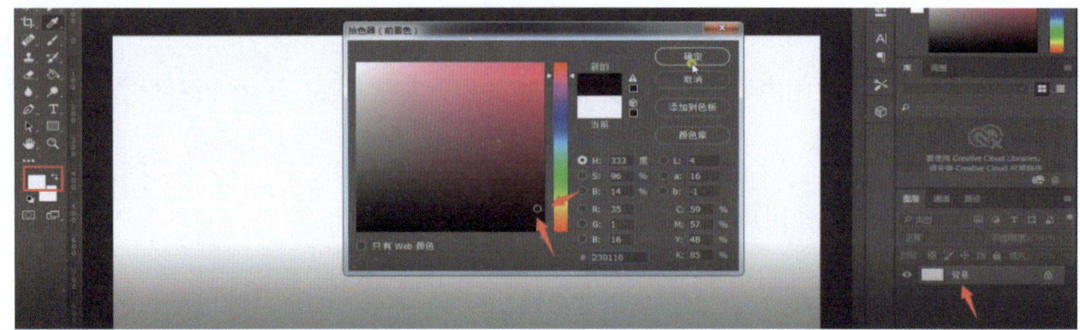

图 2－2－2　选取最底层背景颜色

（3）新建图层 1，使用多边形套索工具选取选区，再按快捷键 Ctrl + Shift + I 进行反选，选取四个角并更改颜色，如图 2－2－3 和图 2－2－4 所示。

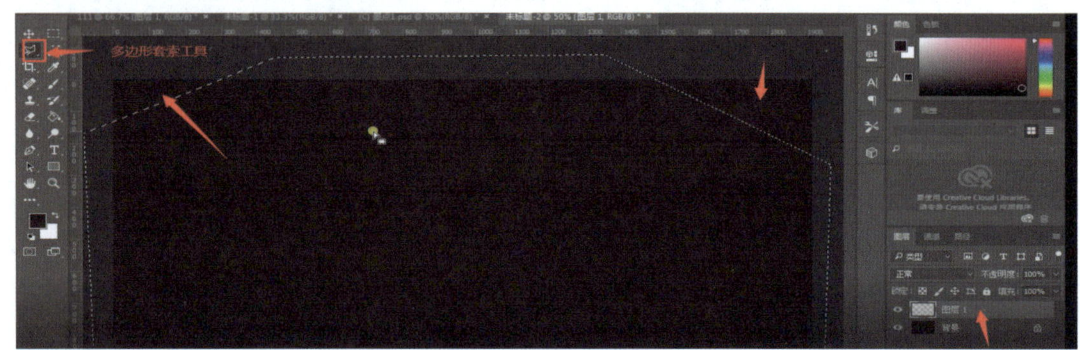

图 2－2－3　选取四边形

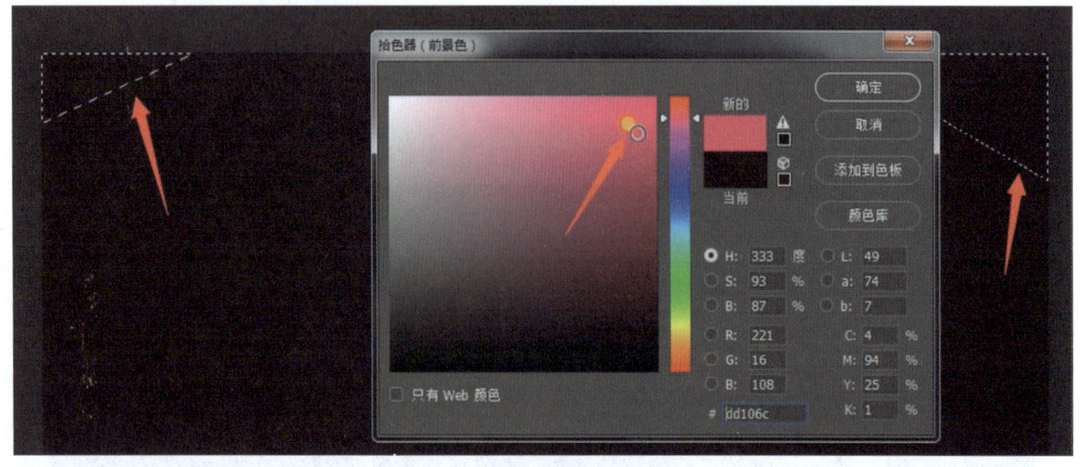

图 2－2－4　选取四个角

（4）添加图层 2，使用选区工具选取所需白色区域，交换前景色，使用颜色填充工具为选取的区域填充白色，如图 2－2－5 所示。

图 2-2-5 绘制白色区域

(5) 复制泼墨效果素材为新建图层，如图 2-2-6 所示。

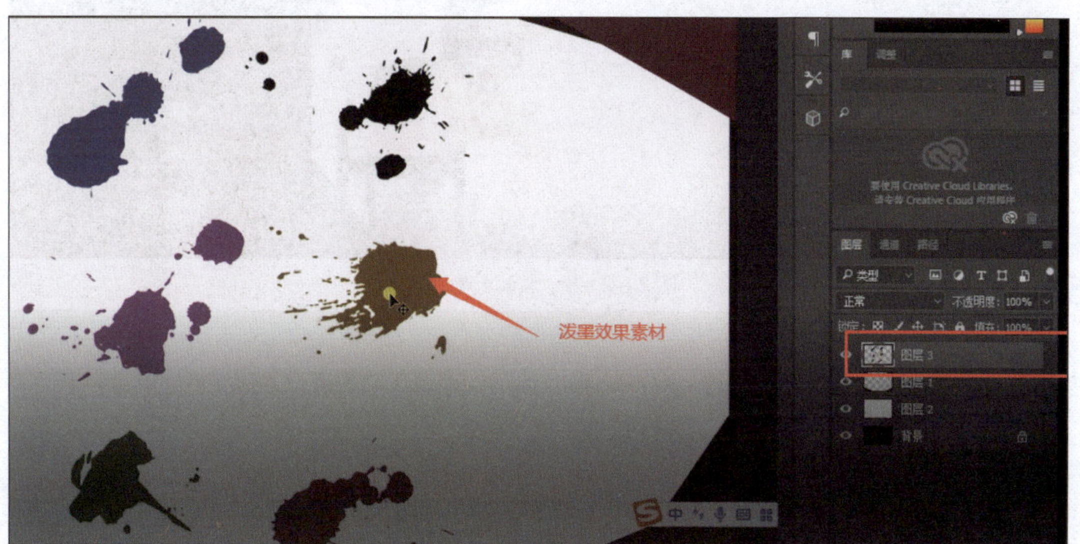

图 2-2-6 加入泼墨效果

(6) 使用选择工具选择色块，并使用快捷键 Ctrl + Alt + J 构建新图层，把选中的这部分从之前的图层里抠掉，使每个色块变成一个单独的图层，然后使用选择工具调整色块的角度，使用不透明度调整颜色的深浅，如图 2-2-7 所示。

(7) 加入人物和商品（鞋），调整人物方向（翻转），拖曳调整人物位置。加入鞋图层，设置图层样式，如图 2-2-8 和图 2-2-9 所示。

(8) 加入文字效果，使用文字工具输入文字，并调整文字效果，如图 2-2-10 所示。

图 2-2-7　加入色块

图 2-2-8　加入人物图层

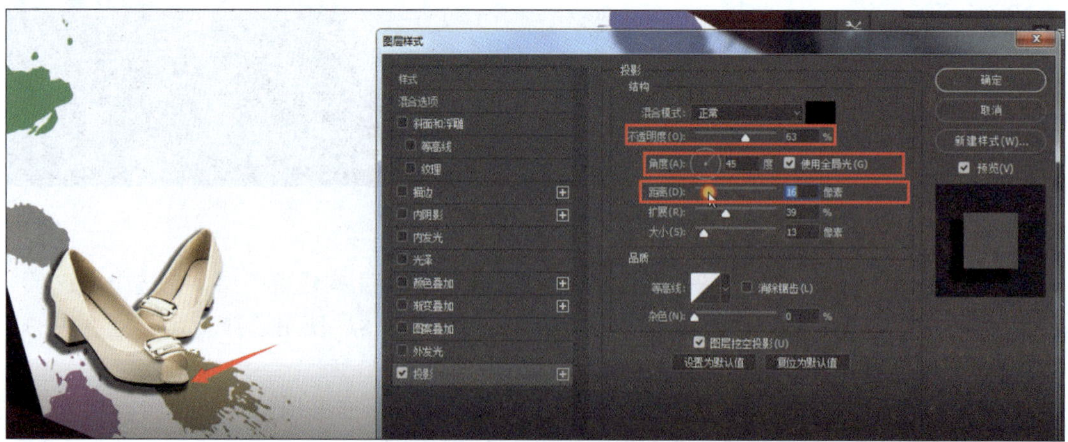

图 2-2-9　加入鞋图层

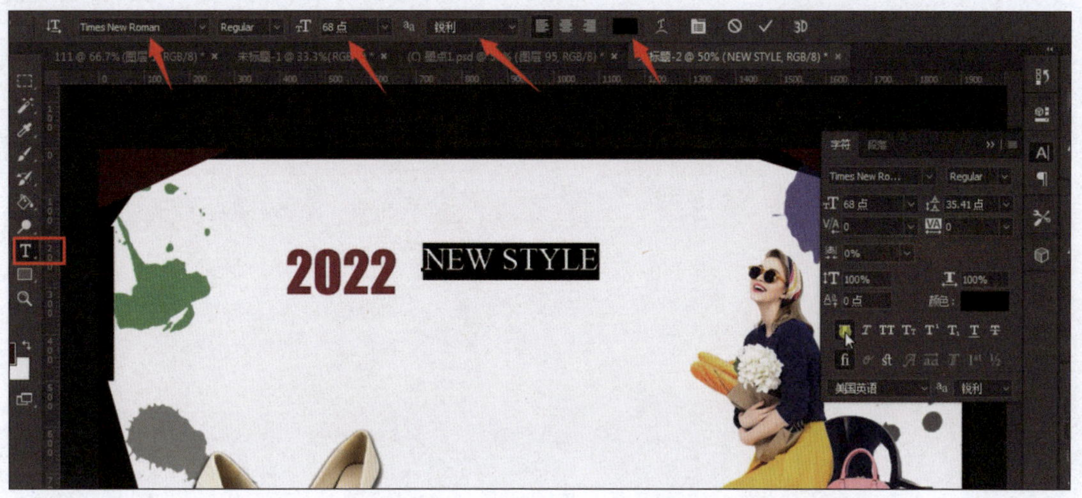

图 2－2－10　加入文字效果

任务 2－3 文字和花组合 banner 设计

任务工单

<table>
<tr><td>任务名称</td><td colspan="5">文字和花组合 banner 设计</td></tr>
<tr><td>组别</td><td></td><td>成员</td><td></td><td>小组成绩</td><td></td></tr>
<tr><td>学生姓名</td><td colspan="3"></td><td>个人成绩</td><td></td></tr>
<tr><td>任务情境</td><td colspan="5">按照客户需求完成特定 banner 设计。现在请你以设计人员的身份，为特定商品展示设计一款醒目的 banner。</td></tr>
<tr><td>任务目标</td><td colspan="5">结合企业特点，完成适合产品的 banner 设计。</td></tr>
<tr><td>任务实施</td><td colspan="5">1. 分析商品 banner 中包含的元素。
2. 产品背景、特点分析，定位设计思路。
3. 通过 Photoshop 软件完成设计。</td></tr>
<tr><td>实施总结</td><td colspan="5"></td></tr>
<tr><td>小组评价</td><td colspan="5"></td></tr>
<tr><td>任务点评</td><td colspan="5"></td></tr>
</table>

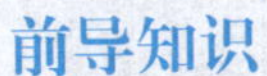

前导知识

Photoshop 工具介绍

（1）移动工具：对当前选择的图层、选区或者文字进行移动，也就是拖动各个图层的位置。

（2）选区工具：对想修改或者编辑的图片、内容进行选择。

（3）套索工具：任意选择图像区域，按住鼠标左键，拖曳鼠标，绘制需要的部分，松开鼠标后，选区会自动合上。

（4）多边形套索工具：常用来选择不规则的多边形图像，比如五边形、六边形、多边形等。

（5）磁性套索工具：能够自动识别颜色差别，并能够自动描绘具有颜色差异的边界，以得到某个对象的选区。常用于快速选择与背景对比强烈且边缘复杂的对象。

（6）吸管工具：吸取图像中某一种颜色作为前景色，单击该颜色即可吸取。

（7）颜色取样工具：在图像上吸取颜色值作为取样点，将图像的颜色组成进行对比，每一个样点的颜色组成如 RGB 或 CMYK 等都在右上角的选项栏上显示出来。

任务实施

本次任务完成效果如图 2－3－1 所示。

图 2－3－1　任务完成效果图

（1）新建一个 600 mm × 800 mm 的画布，如图 2－3－2 所示。

（2）打开素材，选择适合与文字配合的花朵素材，复制素材的图层组到新建的画布，如图 2－3－3 所示。

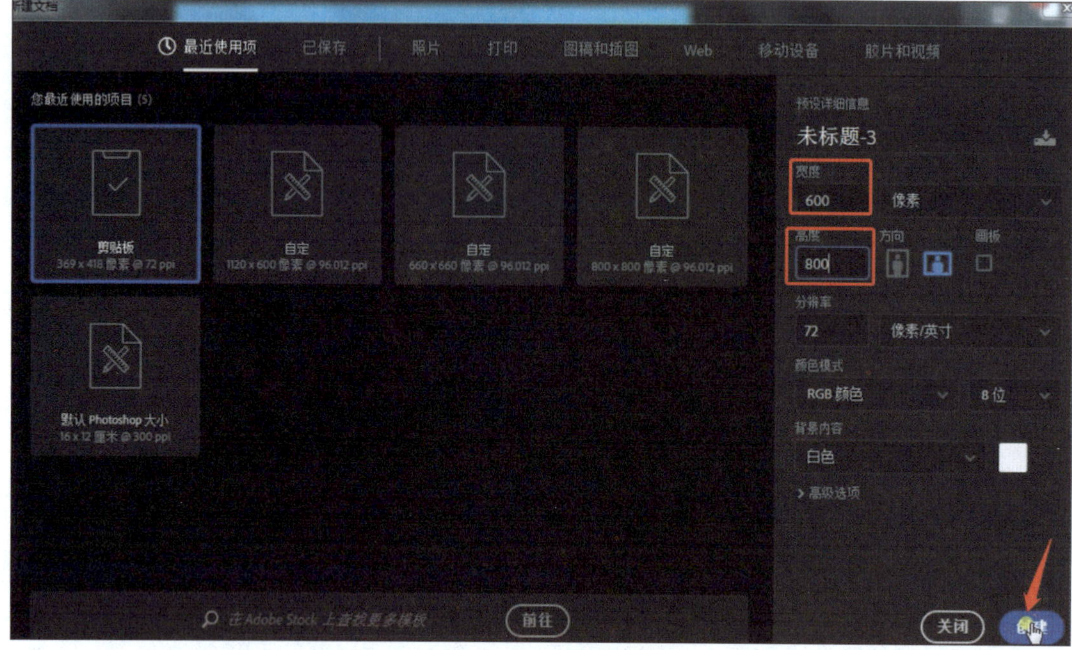

图 2－3－2　新建画布

图 2－3－3　选择素材

（3）使用选区工具调整图片大小和位置，然后在图层中切换到背景图层，使用吸管工具为背景选择一个与花朵图案反差比较大的颜色。当前选择蓝色。设置完后，将花朵的图层合并，如图 2－3－4 所示。

（4）在工具栏中选择圆环工具，设置圆环的填充、描边和宽度，并调整圆环的位置，如图 2－3－5 所示。

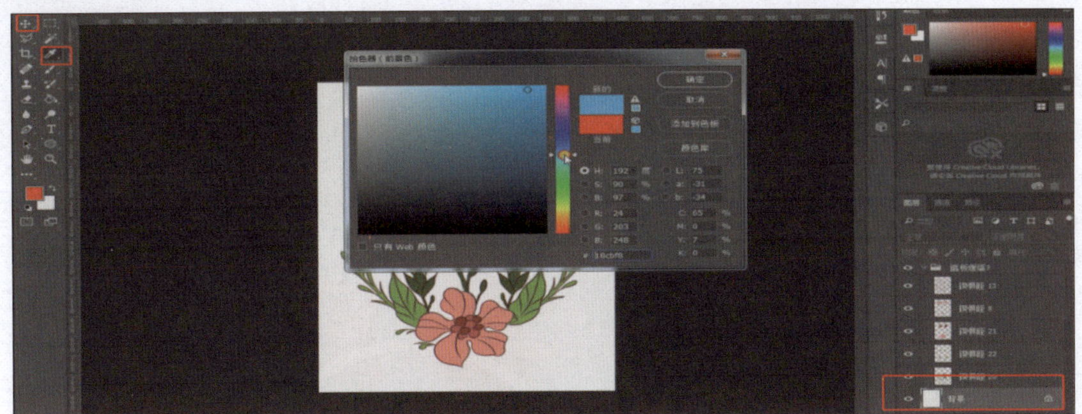

图 2-3-4　设置背景色

图 2-3-5　设置圆环

（5）在图中加入文字，选择文字工具，设置字体、文字大小等，并拖曳调整文字位置，如图 2-3-6 所示。

（6）在花的图层上按住 Ctrl 键，单击缩略图，即可得到一整个花的图层的选区。然后使用橡皮擦工具擦掉选区内的部分，进行精准擦除，让圆环与花朵缠绕。同样，也可以对文字设置同样的效果。建议在擦除前进行备份，如图 2-3-7 所示。

图 2-3-6　设置文字

图 2-3-7　设置效果

任务 2－4 电影海报设计

任务工单

<table>
<tr><td>任务名称</td><td colspan="5">电影海报设计</td></tr>
<tr><td>组别</td><td></td><td>成员</td><td></td><td>小组成绩</td><td></td></tr>
<tr><td>学生姓名</td><td colspan="3"></td><td>个人成绩</td><td></td></tr>
<tr><td>任务情境</td><td colspan="5">电影做宣发的时候，都会有海报，就是把电影的主题通过海报展现出来。</td></tr>
<tr><td>任务目标</td><td colspan="5">结合电影内容，完成电影海报的设计与制作。</td></tr>
<tr><td>任务实施</td><td colspan="5">1. 分析电影海报中包含的元素。
2. 电影内容、风格分析，定位设计思路。
3. 通过 Photoshop 软件完成设计。</td></tr>
<tr><td>实施总结</td><td colspan="5"></td></tr>
<tr><td>小组评价</td><td colspan="5"></td></tr>
<tr><td>任务点评</td><td colspan="5"></td></tr>
</table>

任务实施

每一部电影的背后都有自己的主题和理念，制作电影海报之前，需了解电影主题，确认海报设计方向，以及海报设计的尺寸。

本次任务完成效果如图 2－4－1 所示。

图 2－4－1　最终效果

（1）新建一个宽 1 200 像素、高 1 920 像素的画布，方向纵向，如图 2－4－2 所示。

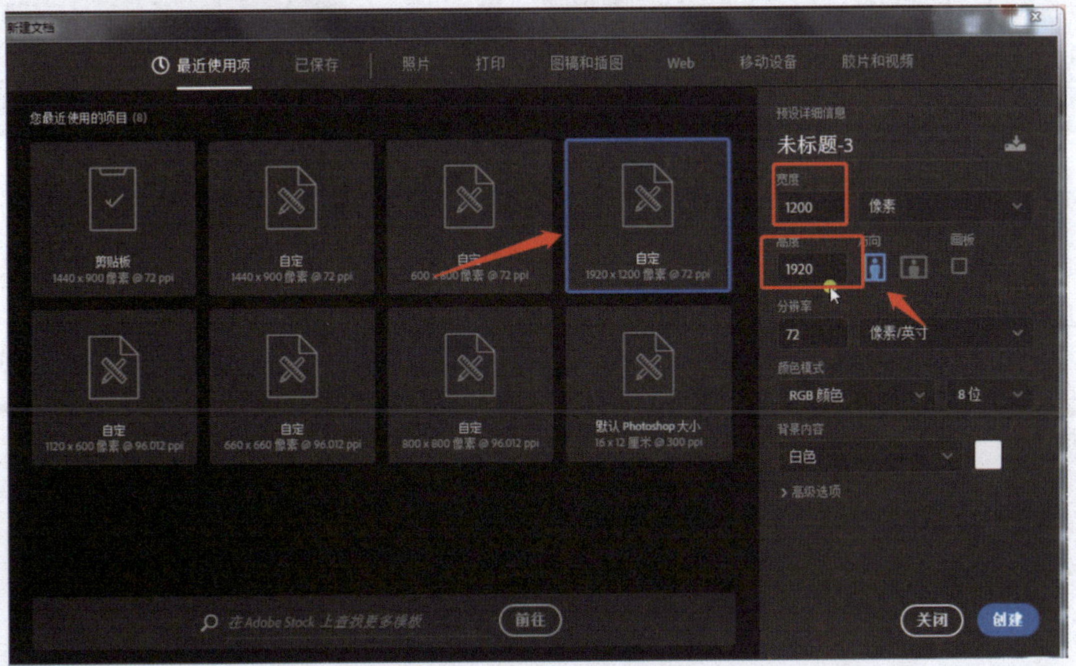

图 2－4－2　新建画布

（2）使用颜料桶工具将前景色填充为黑色，如图 2－4－3 所示。

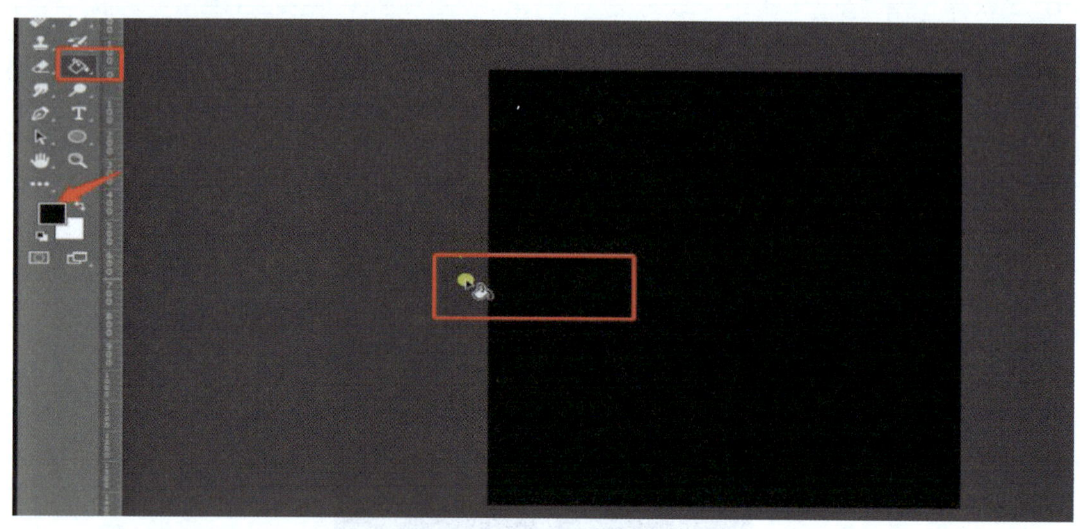

图 2－4－3　设置前景色

（3）使用椭圆工具绘制海报中的月亮，并设置圆的填充颜色和边框，如图 2－4－4 和图 2－4－5 所示。

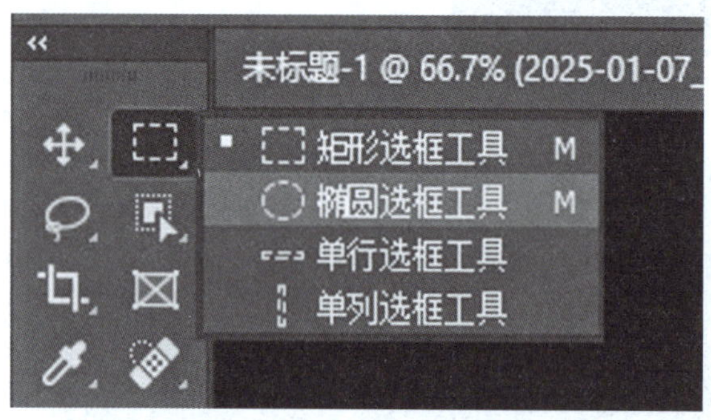

图 2－4－4　选择“椭圆工具”

图 2－4－5　设置圆的颜色和边框

（4）月亮有一些阴影，首先栅格化图层，在图层上使用选区工具选中圆，按住 Ctrl 键并单击圆的图层。使用拾色器更改前景色为灰色，这样能让阴影的效果更加柔和，选中以后，到滤镜中找到渲染，选中“云彩”滤镜效果，如图 2－4－6 和图 2－4－7 所示。

（5）把宫殿图片拖曳到工作区生成一个新的图层，并按快捷键 Ctrl + Shift + J 栅格化图层。使用选区工具截取宫殿的房顶，然后使用魔棒工具选取需要的部分，如图 2－4－8 所示。

（6）使用颜料桶工具把宫殿的前景色设置成黑色，形成宫殿的剪影，并调整至合适位置。使用矩形工具填充黑色，形成阴影效果，如图 2－4－9 和图 2－4－10 所示。

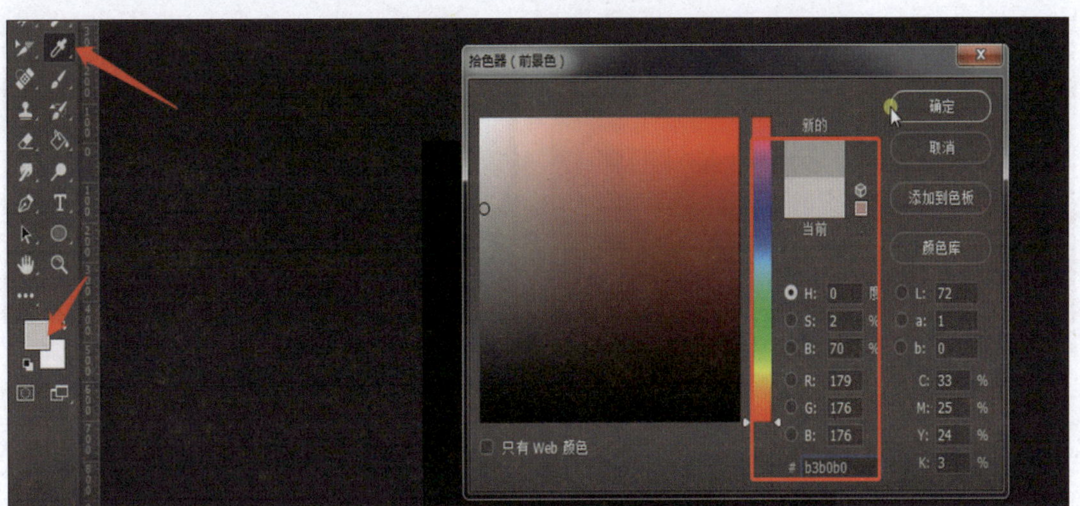

图 2－4－6　更改前景色

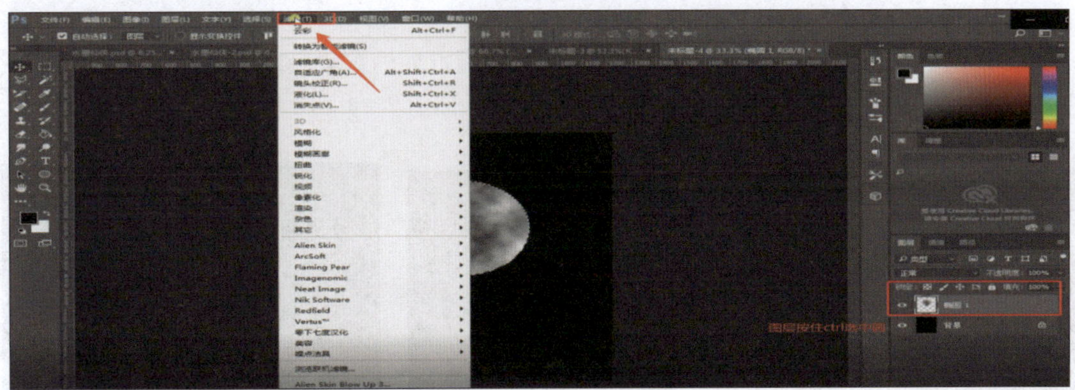

图 2－4－7　使用云彩效果

图 2－4－8　加入宫殿效果

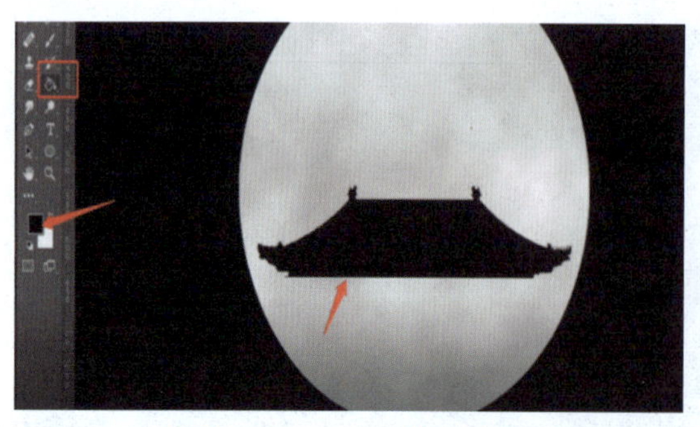
图 2-4-9　宫殿剪影效果

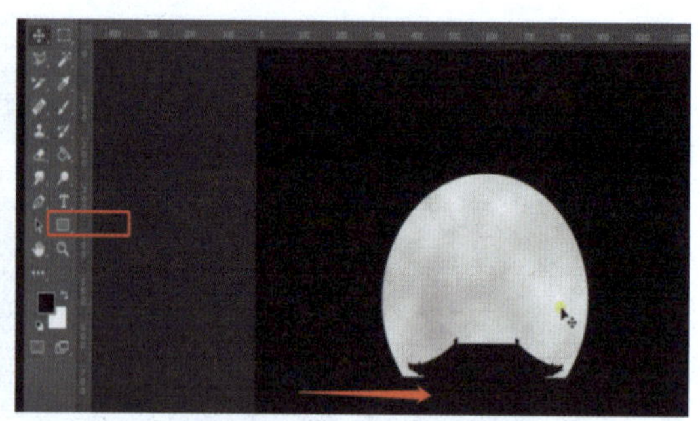
图 2-4-10　宫殿阴影效果

（7）接下来做房顶上比武的人物剪影。可以自己画，也可以去网上找喜欢的人物图片，用套索工具抠出来，并填充黑色，拖入画布形成新的图层，调整人物大小和位置。这两个人站好以后，把房顶这个图层放在最前面，把他俩下面遮住。接下来观察一下，月亮是主要的光源，现在是逆光，看到房子、人都是剪影，所以应该是黑色的。根据这个场景里的人的袍子飞起来的效果，风向应该是从左往右。想让风从左往右刮，可以用橡皮工具把披风上不要的部分擦掉，让披风自由落下，如图 2-4-11 所示。

（8）调整宫殿房顶，使远处的宫殿房顶比较小，近处的宫殿房顶比较大。再调整亮度、明度、饱和度，这样得到了房顶黑白化以后的效果，如图 2-4-12 所示。

图 2-4-11　人物剪影效果

图 2-4-12　近景房顶剪影效果

（9）对文字的位置和大小进行调整，如图 2-4-13 所示。

（10）加入抠图得到的宝剑，再对图中的装饰如云、飞鸟、树枝等调整大小、位置、颜色，如图 2-4-14 所示。

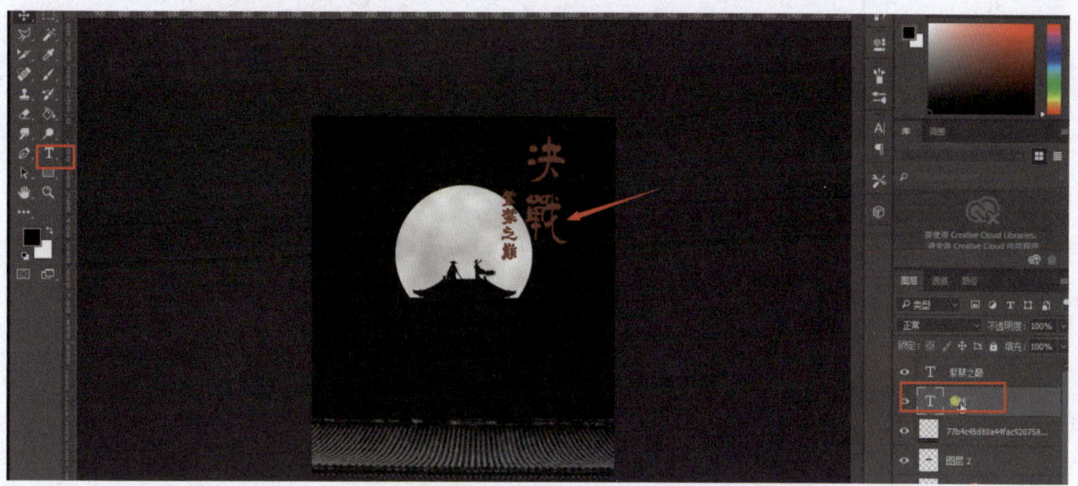

图 2-4-13 文字效果

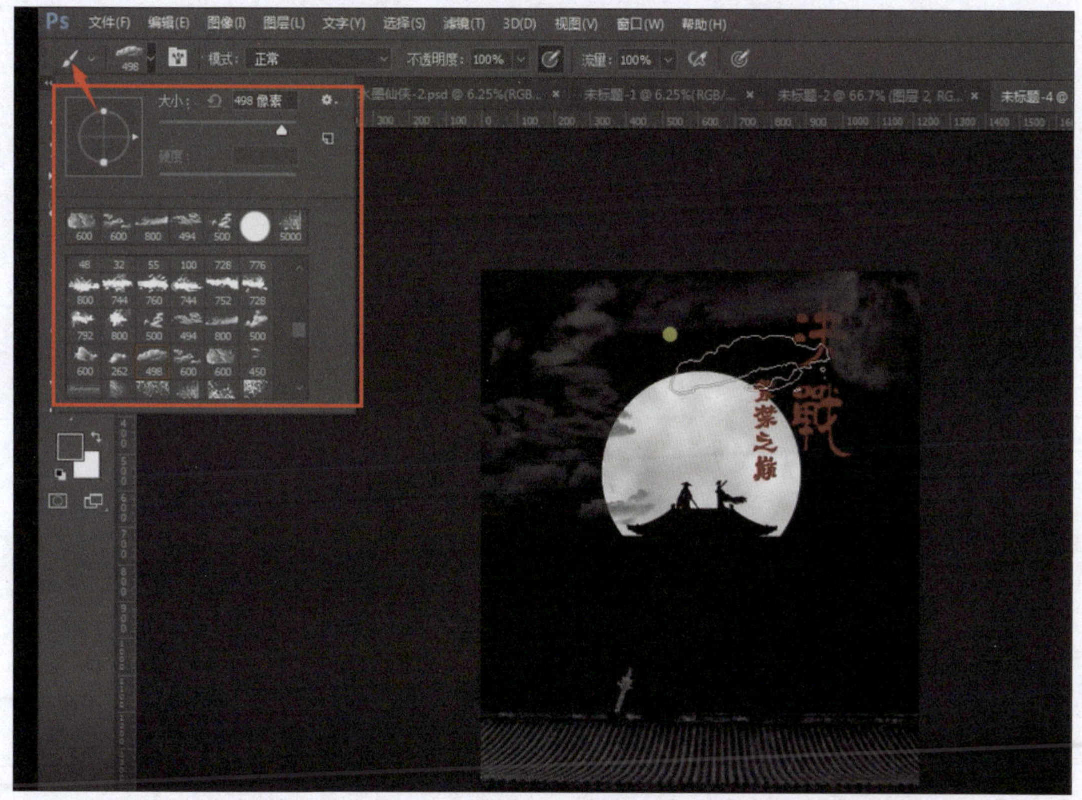

图 2-4-14 调整装饰

任务 2-5 旅游宣传海报设计

任务工单

<table>
<tr><td>任务名称</td><td colspan="5">旅游宣传海报设计</td></tr>
<tr><td>组别</td><td></td><td>成员</td><td></td><td>小组成绩</td><td></td></tr>
<tr><td>学生姓名</td><td colspan="3"></td><td>个人成绩</td><td></td></tr>
<tr><td>任务情境</td><td colspan="5">按照客户需求完成旅游宣传海报设计。现在请你以设计人员的身份，为特定旅游景区设计一款醒目的海报。</td></tr>
<tr><td>任务目标</td><td colspan="5">结合企业特点，完成旅游宣传海报的设计与制作。</td></tr>
<tr><td>任务实施</td><td colspan="5">1. 分析海报中包含的元素。
2. 海报背景、特点分析，定位设计思路。
3. 通过 Photoshop 软件完成设计。</td></tr>
<tr><td>实施总结</td><td colspan="5"></td></tr>
<tr><td>小组评价</td><td colspan="5"></td></tr>
<tr><td>任务点评</td><td colspan="5"></td></tr>
</table>

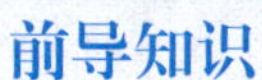

前导知识

一、海报设计的技巧

对于设计师而言，海报设计是平面设计最基础的技能之一。海报和宣传单的设计，也几乎是每一个设计师的必修课。海报设计技巧如下。

1. 让海报在远处也能清晰读取

在设计时，常常会强调可读性，海报这种媒介更是要做到这一点。要确保在较远的地方能够清晰地读取海报的基本内容。海报可以承载的内容很多，总体上，海报中的文本和视觉内容都要相应地构造出层次。

在设计海报时，要将文本构造出三个不同的层次。

标题：这是海报中最主要的也是最大的文本元素。它是整个海报的视觉和艺术元素的补充说明，也可以是它的载体。在选择标题文本的时候，最好选用可读性较好的字体，或者精心设计的标题字体。

细节：海报中呈现的具体内容是什么，在什么时间什么地点发生，都需要通过细节和详细的文本说明来展现。要简洁地呈现信息，大小尺寸、对比度都需要仔细控制。这些标题以外的主要信息，通常需要控制为主标题的一半大小，确保层次结构，构成对比。在很多时候，这些辅助性文本的尺寸大小是基于其重要性来考虑的。

保留条款和细则：这通常指的是海报中相对次要的条文和内容，对于有兴趣摸索的用户而言，可以仔细查看。这部分内容往往被缩得比较小，不影响主要内容，但是可以看清。

2. 放大对比度

海报需要一目了然，用户看一眼就会被吸引。元素之间的高对比度能够帮你做到这一点。不要使用微妙的浅色和单调的配色方案，大胆的色彩和夸张的字形更适合海报的表达。如果你有什么实验性的设计构想，可以尝试使用海报来表达，包括独特的配色和超出出血位的字体设计，它们都有着足够的对比，具备吸引人的特征。

3. 基于尺寸和位置来构思海报

海报最终是要呈现出来的，它会放在地铁站还是位于建筑墙面上；用户会在什么样的地方，以什么样的角度来观看它；海报本身的长宽比是多少；周围有哪些东西，是否会影响海报的视觉呈现……这些因素都和海报设计有关系。

了解海报投放的实际位置，能够帮你更好地构思和设计。视觉不仅在海报设计中占据很重要的位置，而且本身和外部因素有着紧密的关联，需要设计师因地制宜地设计。比如海报需要张贴在一面绿色的墙壁上，那么一定不要使用绿色，而使用与之构成对比的，能够让人一眼看到的色彩。

4. 强调主视觉

无论海报采用的是图片、插画还是文字，主视觉都是整个海报的核心。它就像标题一样，需要在足够远的地方都能够清楚地识别出来。

在设计海报时，可以采用紧凑的面部特写、非常具有针对性的插画，或者具有明显聚焦特征的场景，来作为海报的主视觉。确定主视觉之后，注意其他元素的层次，文本和图片之间要有足够的对比度，确保能够被清晰地分辨出来。

二、海报设计的要素

（1）充分的视觉冲击力，可以通过图像和色彩来实现。

（2）海报表达的内容精炼，抓住主要诉求点。

（3）内容不可过多。

（4）一般以图片为主，文案为辅。

（5）主题字体醒目。

任务实施

遮罩（Matte）即遮挡、遮盖，遮挡部分图像内容，并显示特定区域的图像内容，相当于一个窗口，遮罩是作为一个单独的图层存在的，并且通常是上对下遮挡的关系。

遮罩的作用：

（1）用在整个场景或一个特定区域，使场景外的对象或特定区域外的对象不可见。

（2）用来遮住某一元件的一部分，从而实现一些特殊的效果。

层遮罩其实就是剪贴蒙版。

蒙版就是把上层的彩纸贴到下层的底板上，下层底板是什么形状，剪贴出来的效果就是什么形状的。

方法如下：

（1）打开PS，新建一个空白文档，输入一些文字。

（2）在文字图层上新建一个图层，填充一种颜色或者使用一种渐变，只要让新建的图层遮盖文字图层即可。将鼠标移动到新建图层和文字图层之间，按Alt键，单击，创建剪贴蒙版。

（3）文字的颜色变成了渐变色。

剪贴蒙版的原理：剪贴蒙版需要两个图层，下面一层相当于底板，上面一层相当于彩纸。

本次任务完成效果如图2－5－1所示。

图2－5－1 最终效果

（1）把牛皮纸效果的图片放入画布，然后选择一个和北戴河有关的图片放入画布，作为背景，并调整位置，如图2－5－2所示。

（2）新建一个图层2，选择笔刷工具，在笔刷工具中选择一个比较随性的样式，并调整粗细，如图2－5－3所示。

（3）右击图层1，选择“创建剪贴蒙版”，调整背景图片的大小和位置，如图2－5－4和图2－5－5所示。

图 2-5-2　放入背景图

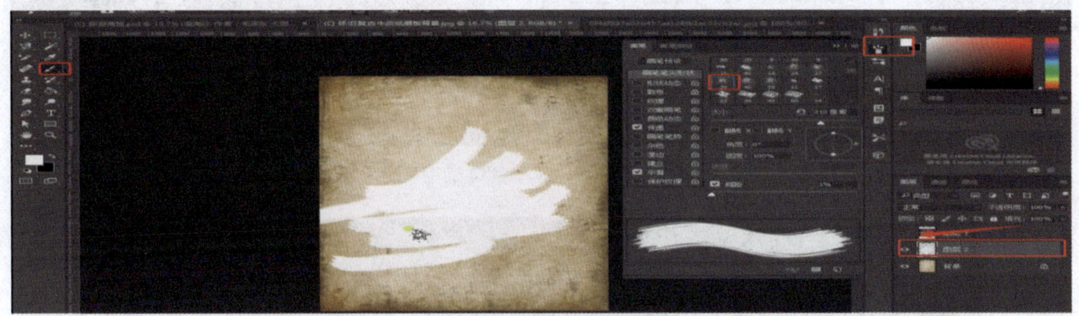

图 2-5-3　笔刷效果

图 2-5-4　蒙版效果（1）

图 2-5-5　蒙版效果（2）

（4）在海报中加入描述文字，可以选用一种类似于毛笔或者更加自由一些的字体，如图 2-5-6 所示。因为它是标题字，所以调整字体大小，让文字稍微大一点，并调整文字的位置。

（5）加入印章效果。可以从网上搜索红色印章底纹效果，加入画布中。使用文字工具输入“印象”两字。注意，要选择合适的字体，印章的字体一般为篆书。调整文字大小、颜色和位置，如图 2-5-7 所示。

图 2-5-6　选择合适的字体

图 2-5-7　制作印章效果

（6）使用文字工具输入古诗文及一些其他的修饰性的文字，并调整大小和位置。

项目三　电商广告设计

任务 3－1 美妆产品详情图设计

任务工单

<table>
<tr><td>任务名称</td><td colspan="5">美妆产品详情图设计</td></tr>
<tr><td>组别</td><td></td><td>成员</td><td></td><td>小组成绩</td><td></td></tr>
<tr><td>学生姓名</td><td colspan="3"></td><td>个人成绩</td><td></td></tr>
<tr><td>任务情境</td><td colspan="5">按照客户要求完成电商产品图美化。现请你以设计人员的身份帮助工作人员完成美妆产品详情图设计的全部过程，包括设计理念、设计思路、设计方法、设计结果。</td></tr>
<tr><td>任务目标</td><td colspan="5">结合电商产品特点，完成适合电商产品特点的设计。</td></tr>
<tr><td>任务实施</td><td colspan="5">1. 了解电商产品，分析产品特色。
2. 结合电商产品定位及相关产品特色等进行设计。
3. 通过 Photoshop 软件完成设计。</td></tr>
<tr><td>实施总结</td><td colspan="5"></td></tr>
<tr><td>小组评价</td><td colspan="5"></td></tr>
<tr><td>任务点评</td><td colspan="5"></td></tr>
</table>

前导知识

一、电商美工概述

电商美工其实就是网店图片美化工作者的统称，是电商和美工设计的结合。具体来说，就是使用 Photoshop 等图形图像设计软件，根据电商产品特色以及店铺营销策略，帮助电商店铺设计图片并让其展示在消费者面前的幕后工作者。

二、电商美工技能要求

作为一名合格的电商美工，除了要熟练使用 Photoshop 等常用设计与制作软件外，还需要具备扎实的美术功底和创新思维，精通网页设计语言并有一定的文字功底。

美工不仅要懂专业知识，还要懂产品、懂营销、懂广告，了解如何将良好的营销思维应用到产品中，了解所制作的图片将传达什么信息，懂得如何去打动买家，引起买家的购买欲。

三、美妆产品功能表达

美妆产品图片通过视觉形式表现出来，是接触消费者的直接触点，应该为消费者带来更高效和愉悦感的视觉享受，满足消费者心理、精神、文化上的需要，充分发挥美妆产品的文化价值、品牌价值。

针对女性消费者的产品，图片风格多为活泼、清新，塑造年轻、天然的感觉；针对男性消费者的产品，图片设计上多采用简约风格，表现男性刚强、硬朗气概，注重画面张力和品牌价值输出。

可以使用以下几种常见手法对美妆产品进行功能表达。

（1）色调。美妆类图中，使用自然的绿色与肌肤棕色大面积覆盖较合适。

（2）标识。图中标识要以品牌 LOGO 与活动 LOGO 为载体，如果不能有序排列，则可能会对点击率有负面影响。

（3）内容。图中利用品牌词、节日词、优惠词等文案，可以有效提升点击率。缺乏调性的纯产品词具有降低点击率的风险；利用促销用语可以提升点击欲望；利用品牌词旗舰店/官方字样可以提升信任感。

（4）调性。选择照片为整体画面背景，可以清晰地呈现商品，同时营造出品牌调性。利用整体照片/人物照片/单色形式可以有效提升调性。

任务实施

电商美工的主要工作内容包括主图以及详情图的设计、首页的设计以及活动图的设计等，本次任务要求进行美妆产品详情图设计，详情图决定了后面的转化率高低。

电商美工的首要任务就是把商品质感表现出来。本次任务设计制作美妆产品详情页，来练习这类商品的原相机图片精修。

本次任务成果如图 3－1－1 所示。

任务详情

图 3－1－1　任务成果图

一、使用钢笔工具抠取顶部

本商品可以分解成三部分：瓶顶、中间部分以及瓶盖，可以使用钢笔工具把这三部分进行分割。

单击“钢笔工具”，将瓶顶勾画出来。注意，要沿着图片自身的弧度，调整好鼠标单击位置，直到将路径闭合。完成效果如图 3－1－2 所示。

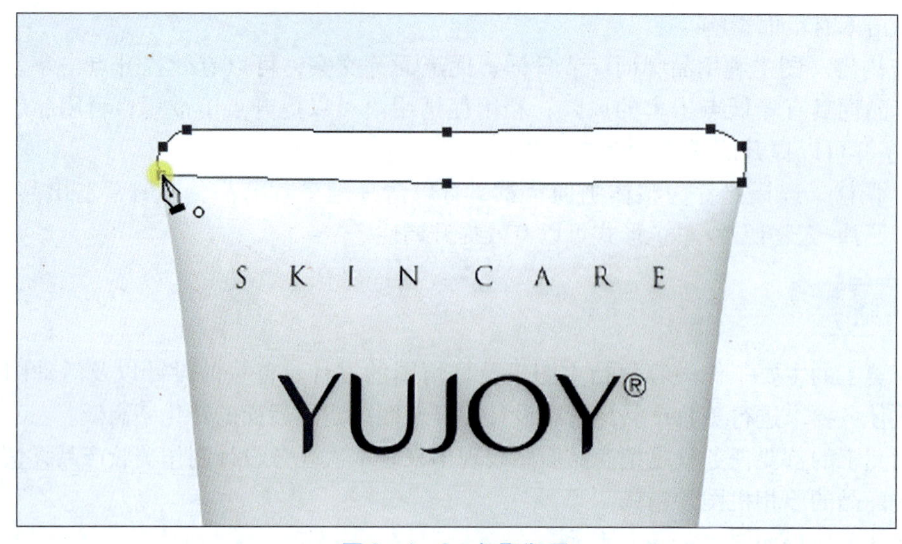

图 3－1－2　抠取瓶顶

二、使用钢笔工具抠取中间部分

使用同样的方法抠取中间部分完成效果如图 3－1－3 所示。

三、使用钢笔工具抠取瓶盖部分

使用同样方法抠取瓶盖部分，完成效果如图 3－1－4 所示。

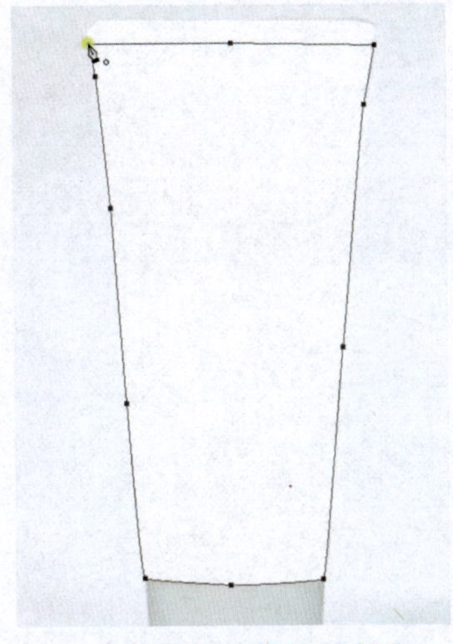
图 3－1－3　抠取中间部分

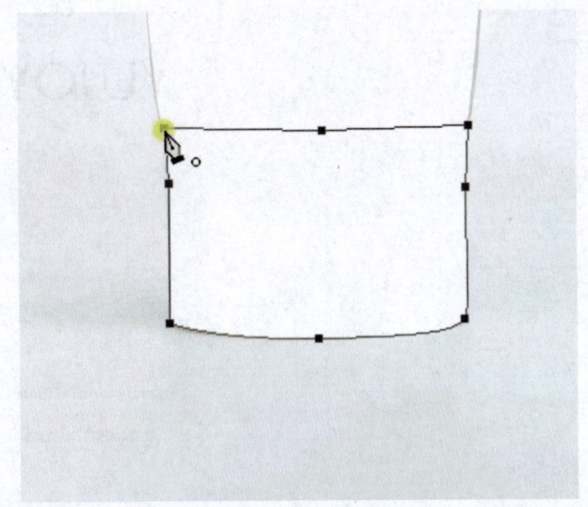
图 3－1－4　抠取瓶盖

四、选定图层选区

按住 Ctrl 键同时，单击图 3－1－5 中“形状 2”图层缩略图，选定图层选区。

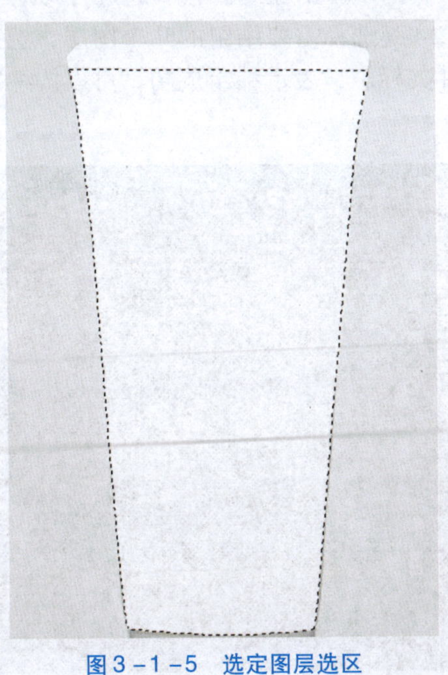
图 3－1－5　选定图层选区

五、抠取选区内容

选定选区的目的是抠取获得原图中选区部分，所以，在蚂蚁线闪动的情况下，单击“图层0”，然后按 Ctrl + J 组合键，在选区范围内复制当前选择图层的内容，于是这个新图层中的内容就是原图中选区里的那部分内容，即实现了抠取选区内容效果，如图 3 - 1 - 6 所示。

图 3 - 1 - 6　抠取选区内容

六、图层结组编辑

图层结组，可以使要操作的多个对象组合在一起进行移动等操作，从而保证组内对象的相对位置的稳定。配合 Ctrl 键选择需要结组的几个图层，选好后按 Ctrl + G 组合键，这时图层上面会出现一个文件夹标志，表示结组成功，可以按组别编辑目标。操作效果如图 3 - 1 - 7 所示。

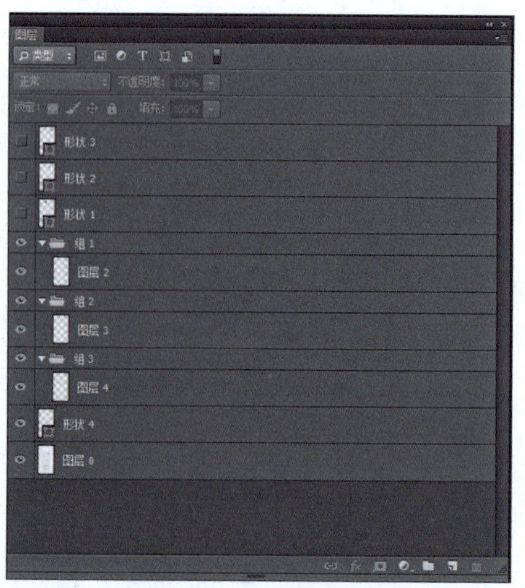

图 3 - 1 - 7　图层结组

七、添加图层蒙版

分别为三个图层选定选区，然后给它们所在的组添加蒙版，这样做的目的是控制每个组显示的部分，只显示图形上的这一小片范围。操作效果如图 3 -1 -8 所示。

图 3 -1 -8　图层组创建蒙版

八、图层填充颜色

在各个不同的组里新建图层，为图层填充颜色。操作效果如图 3 -1 -9 所示。

九、为产品添加高光、阴影效果

在实色层上再建一个新图层用于制作高光。使用矩形选区工具绘制适当的高光区，为这个选区填充一个高光色。操作效果如图 3 -1 -10 所示。

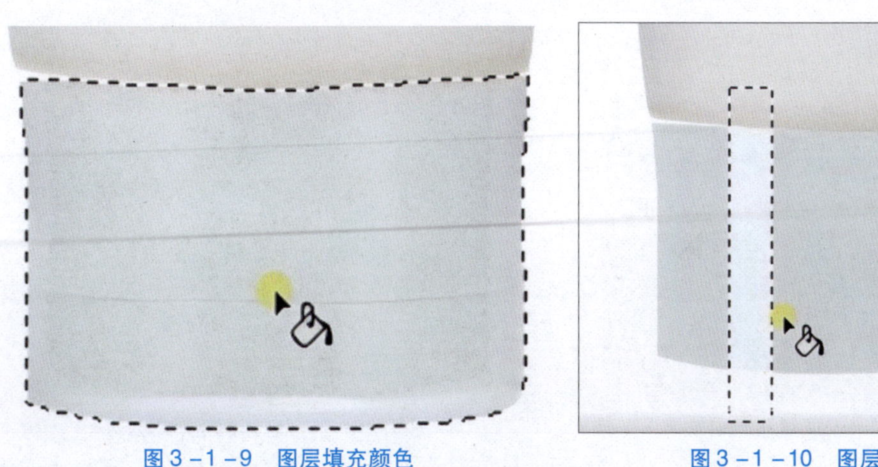

图 3 -1 -9　图层填充颜色　　　图 3 -1 -10　图层添加高光

十、修饰高光效果

为了使过渡更加柔和真实，使用滤镜中的“高斯模糊”进行处理。操作效果如图 3－1－11 所示。

调整高斯模糊的半径数值，达到最佳的效果，如图 3－1－12 所示。

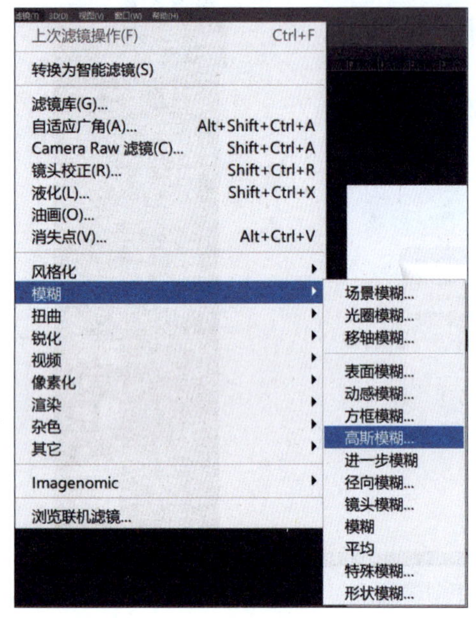

图 3－1－11　高光添加高斯模糊

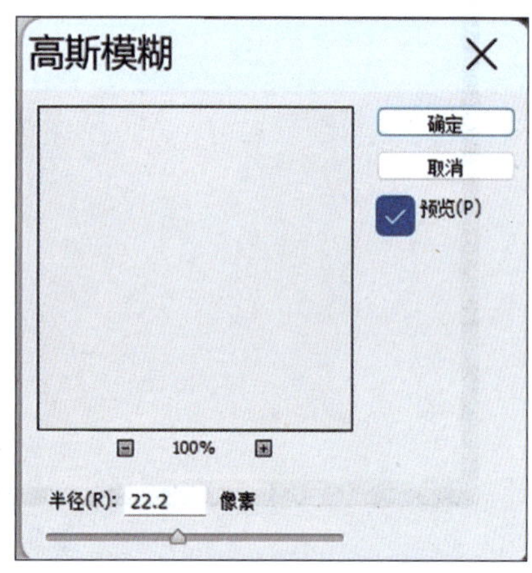

图 3－1－12　调整高斯模糊半径效果

十一、复制高光效果

按 Alt 键的同时移动被复制目标，即可实现同步复制和移动，操作如图 3－1－13 所示。

十二、设计瓶盖阴影

在高光图层下面新建图层，用于绘制阴影。首先建立瓶盖选区，填充阴影颜色，如图 3－1－14 所示。

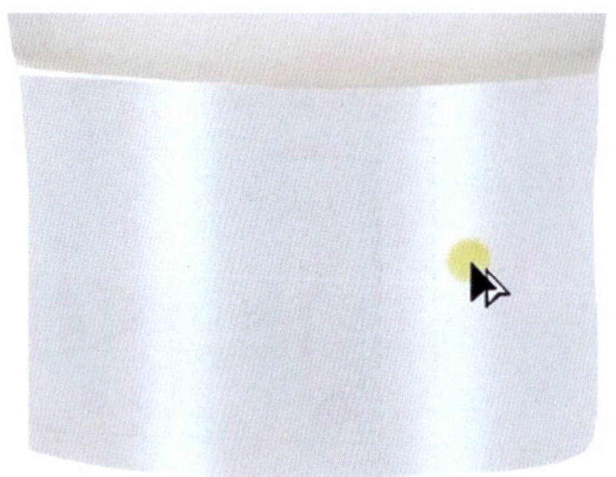

图 3－1－13　快速复制图层效果

图 3－1－14　制作瓶盖阴影效果

十三、修整阴影形状

修整阴影形状，去掉多余部分，只留下左侧边界阴影。可以在选中选区的情况下，单击 2～3 次→键，将选区向右移动若干像素，此时选区覆盖位置就是想要去掉的部分，单击 Delete 键，删除选区覆盖的部分，留下黑色阴影边，如图 3－1－15 所示。

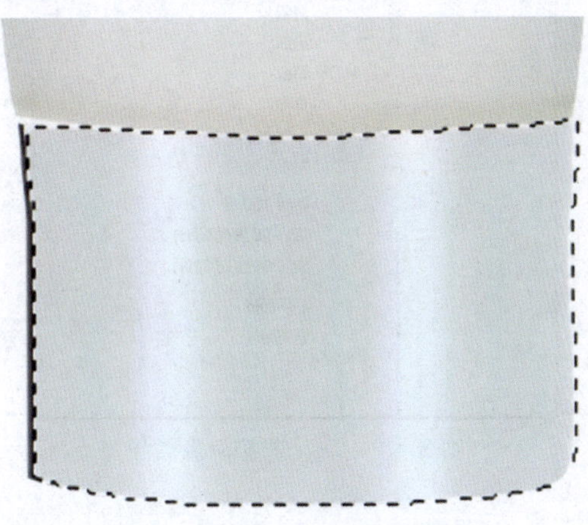

图 3－1－15　修整阴影形状

十四、为阴影添加高斯模糊

为阴影添加高斯模糊，使它与环境更好地融合，效果如图 3－1－16 所示。

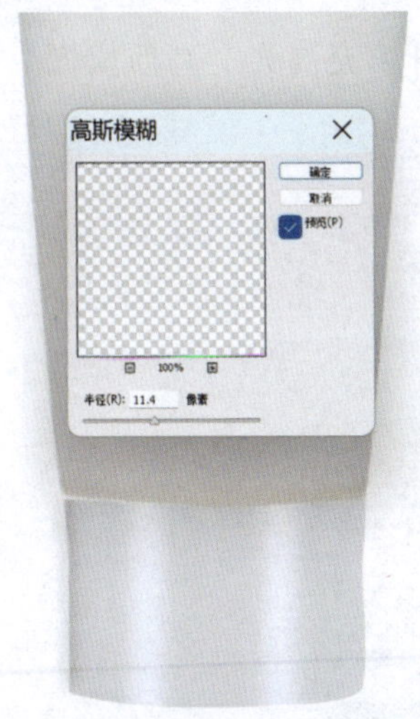

图 3－1－16　为阴影添加高斯模糊效果

十五、为对称部分阴影设计

在复制阴影图层后，按 Ctrl＋T 组合键进入自由变换状态，右击，选择“水平翻转”，如图 3－1－17 所示。适当调整位置，两侧阴影设计完成。

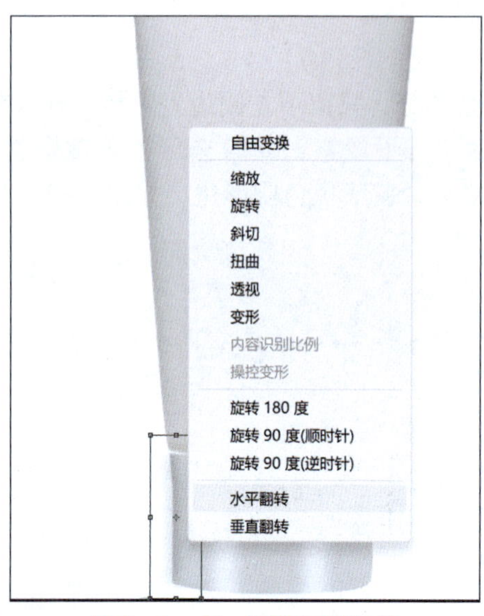

图 3－1－17　调整阴影效果

十六、为瓶身高光设计

使用钢笔工具来勾画设计瓶身高光，如图 3－1－18 所示。注意，因为光源相同，所以瓶身高光应尽量与瓶盖的高光吻合。

十七、瓶身高光修饰

按照瓶盖修饰方法，完成瓶身填充高光、高斯模糊、复制高光以及水平翻转效果，如图 3－1－19 所示。

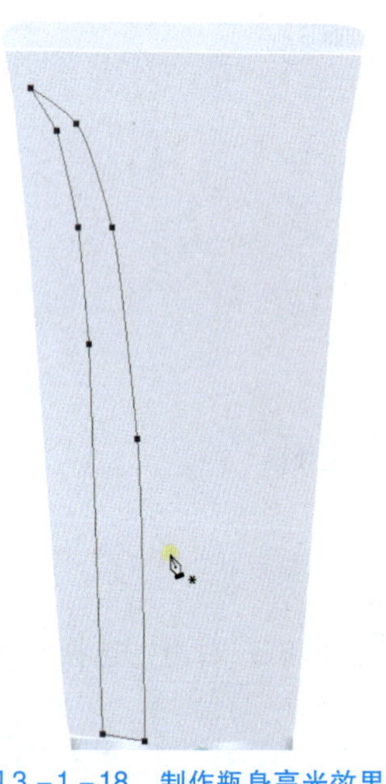

图 3－1－18　制作瓶身高光效果

图 3－1－19　瓶身高光完成效果

十八、瓶身文字选取

单击“选择”菜单中的“色彩范围”对瓶身上的文字进行选取，如图 3－1－20 所示。

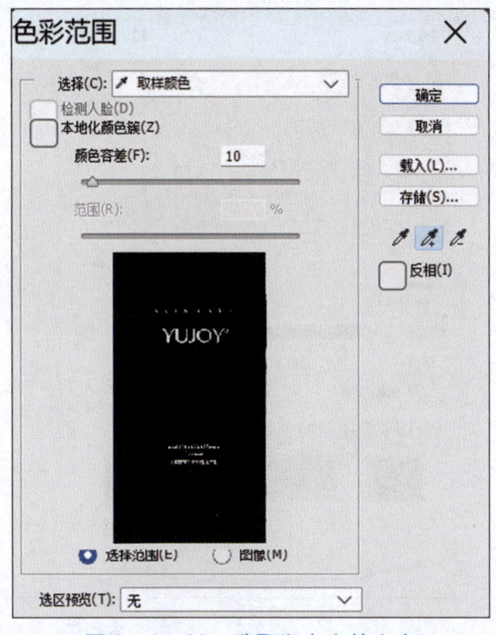

图 3－1－20　选取瓶身上的文字

十九、瓶盖金属环颜色渐变设计

最后设计瓶盖上的金属条纹，使包装更加灵动。使用钢笔工具绘制需要的条纹形状，选定这个选区，填充线性渐变，如图 3－1－21 所示，小齿轮图标可以选择预制的颜色搭配，例如选择银色金属。

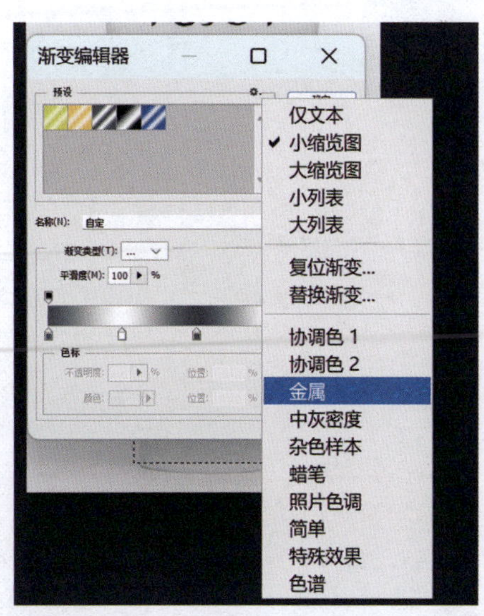

图 3－1－21　瓶盖金属环颜色渐变设计

二十、瓶盖金属环渐变填充

载入金属环选区，填充渐变。作品最终呈现效果如图 3 - 1 - 22 所示。

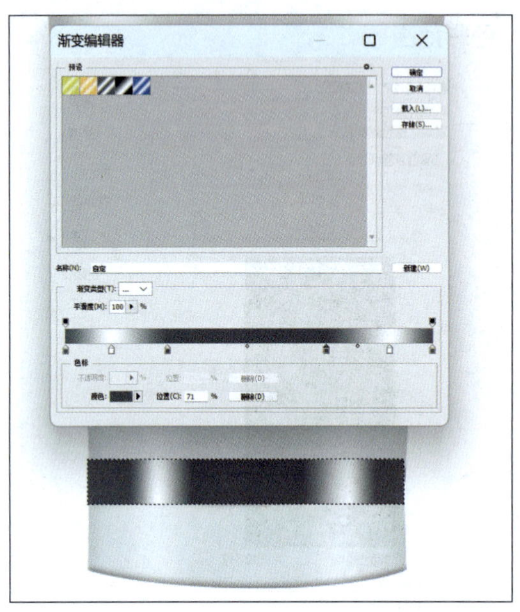

图 3 - 1 - 22　调整瓶盖金属渐变色图

本次任务重点练习美妆产品的材质美化，凸显包装质感，使用到的技术包括钢笔工具绘制形状、颜色渐变编辑以及常规图层的选取、结组等，需要掌握的知识包括高光、阴影、中间调等，希望同学们在之后的任务中多加练习。

任务3-2 小家电产品详情图设计

任务工单

<table>
<tr><td>任务名称</td><td colspan="4">小家电产品详情图设计</td></tr>
<tr><td>组别</td><td></td><td>成员</td><td></td><td>小组成绩</td><td></td></tr>
<tr><td>学生姓名</td><td colspan="3"></td><td>个人成绩</td><td></td></tr>
<tr><td>任务情境</td><td colspan="5">按照客户要求完成电商产品图美化。现请你以设计人员的身份帮助工作人员完成小家电产品详情图设计的全部过程，包括设计理念、设计思路、设计方法、设计结果。</td></tr>
<tr><td>任务目标</td><td colspan="5">结合电商产品特点，完成适合电商产品特点的设计。</td></tr>
<tr><td>任务实施</td><td colspan="5">1. 了解电商产品，分析产品特色。
2. 结合电商产品定位以及相关产品特色等进行设计。
3. 通过 Photoshop 软件完成设计。</td></tr>
<tr><td>实施总结</td><td colspan="5"></td></tr>
<tr><td>小组评价</td><td colspan="5"></td></tr>
<tr><td>任务点评</td><td colspan="5"></td></tr>
</table>

前导知识

一、商品详情图中的光影知识

一张图片的光影主要由三大部分构成：高光、中间调、阴影。用调色工具调整图片时，如果使图片的一个局部（如高光、中间调、阴影，或某种颜色）先于其他局部发生变化，即实现了分区调色。如果在选择色彩平衡高光的时候，会发现画面中比较暗的部分可能也会发生一些小小的变化，只是变化不大，越暗则变化得越不明显。这是因为任意一个像素，只要不是纯黑，就一定存在高光，只是越亮的像素，高光就越大，越暗的像素，高光就越小，所以，使用色彩平衡中的高光进行渲染时，亮的部分变化最为明显，其他则依次降低。

1. 光影的作用

通过调节光影可以显示更多细节。通过调整不同区域的明暗变化，可以得到更多细节。

①弱化光比。例如正午时拍摄室外人像，人物面部的光比比较大，如果没有反光板，那么唯一可以补救的就是高光阴影。

②增强质感。光影的调整会比曲线调整得更加细腻，可以增强画面质感。

2. 光影的调色

选择阴影，就是把图片较暗的部分加深，而忽略较亮的部分；中间调可以加深整体；高光只把高光部分加深，别的部分忽略。

二、商品详情图中的材质表达

Photoshop 材质是一种虚拟的设计元素，可以通过各种手段来制作和运用，为设计作品增添丰富的质感和立体感。在实际应用中，通过合理运用 Photoshop 材质，设计师可以为作品增添层次感和视觉冲击力，提升作品的表现力，使作品更加吸引人和具有艺术感。

设计师可以通过各种工具和滤镜效果来创建各种材质效果，比如木纹、金属质感、玻璃反射等。这些效果可以通过图层叠加、蒙版、调整透明度等操作，与设计作品进行融合，从而达到所需的视觉效果。

Photoshop 材质的制作可以通过多种途径实现。常见的方法是通过拍摄实际的物体纹理或者场景，然后将这些图片导入 Photoshop 中进行处理，提取所需的材质部分，再进行调整和优化，最终形成适合设计作品的材质效果。另外，设计师也可以通过绘制、渲染、滤镜等功能来创造出全新的材质效果，满足不同设计需求。

三、小家电外观设计要素

小家电外观设计的要素是实现吸引力和功能性的关键。在小家电外观设计中，注重以下要素：

（1）创新与独特性。通过创新的设计理念和独特的设计元素，使小家电产品与众不同，突出个性和品牌特色。

（2）简约与时尚。注重简约的线条和现代感的元素，创造出符合时代潮流的小家电外观设计，使产品更加具有吸引力。

（3）功能性与人性化。小家电外观设计要注重产品的功能性和人性化。将用户体验置于设计的核心，通过人机工程学原理的应用，优化产品的使用便利性和操作舒适性。

（4）材质和色彩的运用。注重材质的选择和色彩的运用，通过精心挑选的材质和色彩搭配，为产品赋予高质感和吸引力。

（5）品质和细节处理。注重产品的工艺质量和细节处理，通过精致的工艺和精确的设计，使产品展现出高品质和精湛的工艺水平。

本次任务成果如图 3－2－1 所示。

图 3－2－1　任务成果图

一、产品图结构分析

对产品图进行区域划分，确定每个区域包括哪些内容。通过分析，确定产品编辑区域包括开关按钮、顶部金属条、顶部黑盖、金属的壶身、壶把手以及壶底，如图 3－2－2 所示。

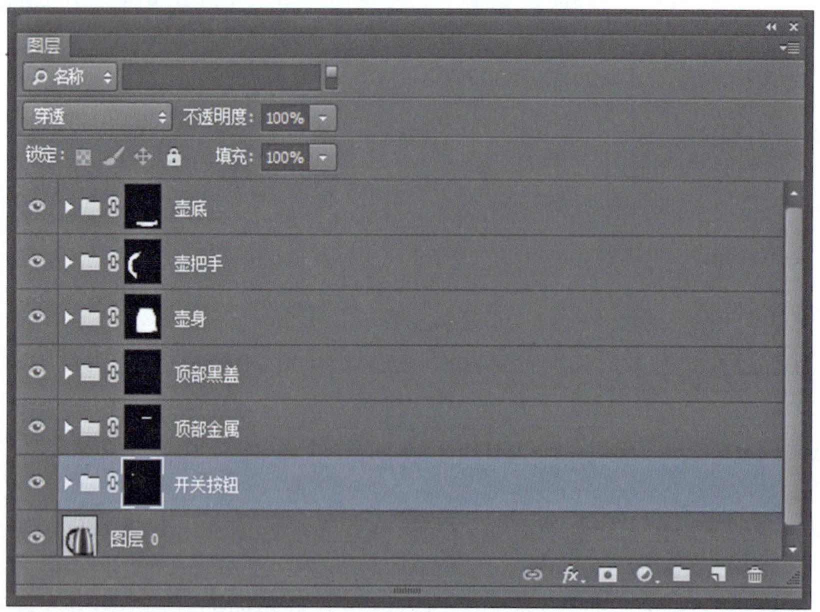

图 3－2－2　每个区域的抠图分层效果

二、制作开关按钮塑料质感

使用钢笔工具抠图并填充黑色，然后为黑色部分添加塑料磨砂质感。这种质感类似于一些白色颗粒反射白色亮光，可以通过使用滤镜添加杂色实现，操作如图 3－2－3 所示。

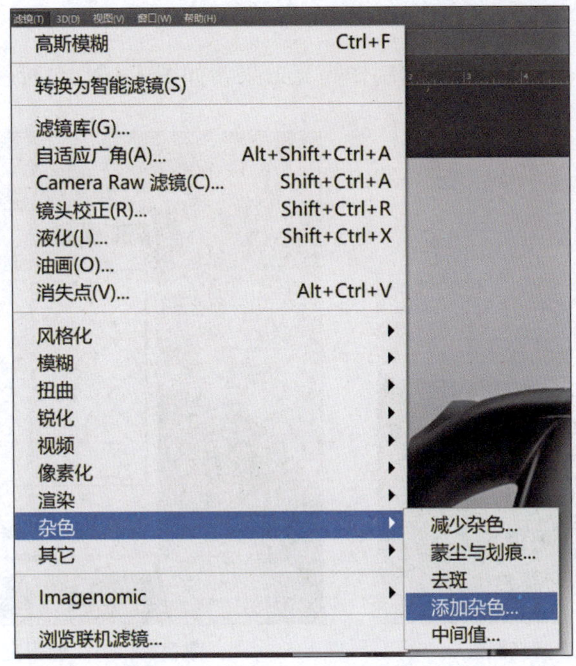

图 3－2－3　开关按钮加杂色效果

观察最终效果，选择合适的数值，如图 3－2－4 所示。

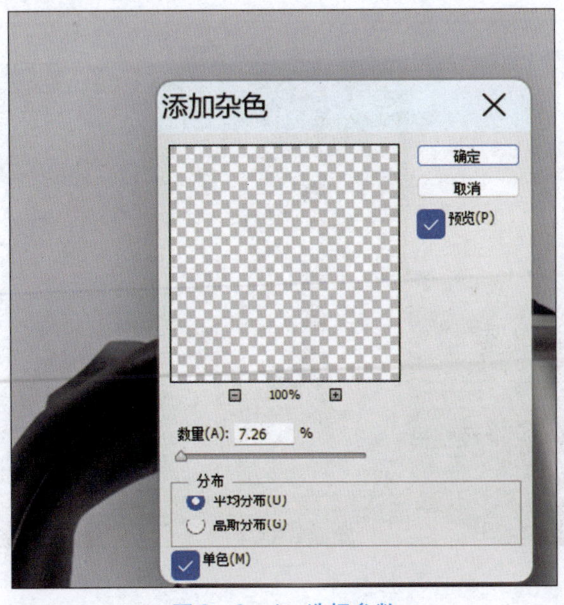

图 3－2－4　选择参数

三、开关按钮高光效果设计

观察高光位置，使用套索工具等框选出合适的区域，路线闭合后，创建选区，如图 3－2－5 所示。

四、开关按钮高光修饰

为选区填充颜色，使用高斯模糊制作高光效果，如图 3－2－6 所示。

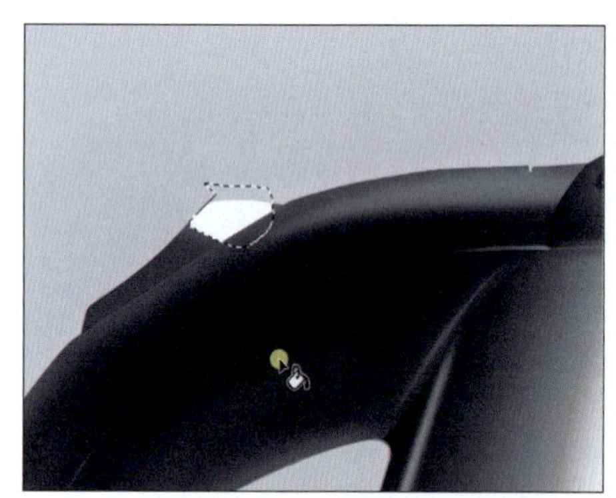

图 3－2－5　添加高光选区

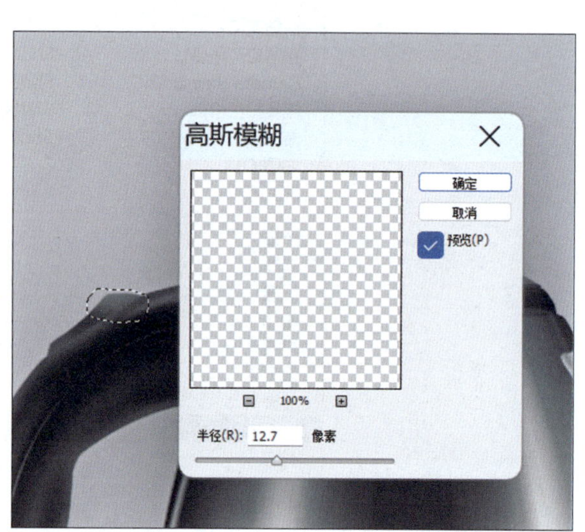

图 3－2－6　使用高斯模糊效果

值得注意的是，此处高光加了两层：一层是底下基础高光，另一层是上面重点高光，目的是让它看起来更有层次感，如图 3－2－7 所示。

图 3－2－7　高光处理后效果

五、抠取编辑顶部金属条

抠取顶部金属条，得到一个选区，在选区内使用渐变，如图 3 - 2 - 8 所示。

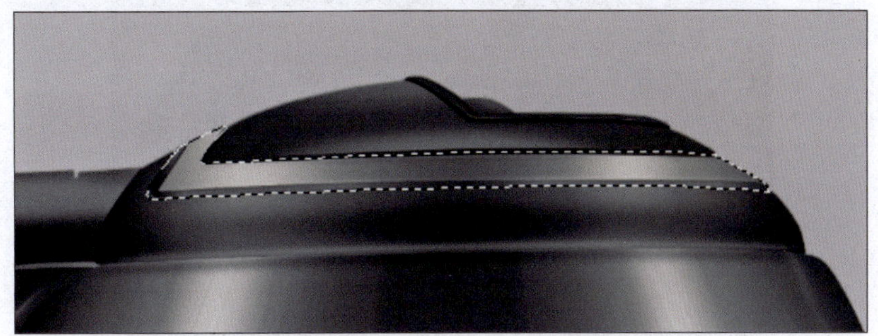

图 3 - 2 - 8 顶部金属条抠取效果

六、顶部金属条添加金属渐变

单击“颜色渐变”按钮，编辑渐变颜色，拖曳调节窗口，将其调整成与编辑对象等宽，单击渐变条下面空白处创建控制点，单击控制点进行编辑，此时光标变成吸管，在原图相应位置选取颜色，可以观察到渐变颜色更加贴合原图，如图 3 - 2 - 9 所示。

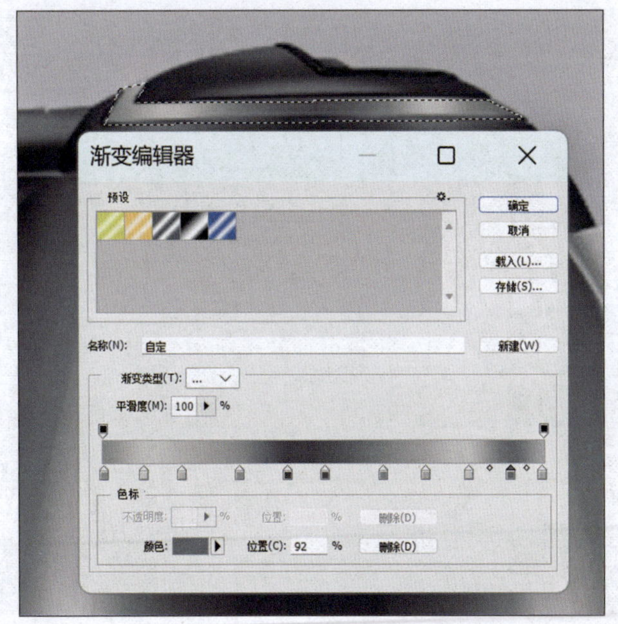

图 3 - 2 - 9 顶部金属条渐变色设置

沿着选区水平拖动，对金属条应用刚才定义的金属渐变，如图 3 - 2 - 10 所示。

七、添加金属拉丝效果

将金属拉丝的素材图放到被编辑的图层上面，选择“正片叠底”，调整透明度，就可以实现拉丝效果，如图 3 - 2 - 11 所示。

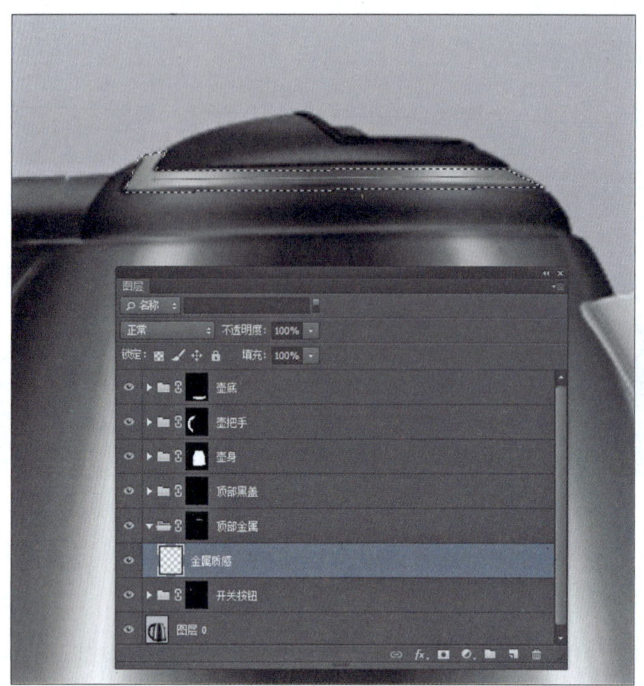

图 3－2－10　顶部金属条添加渐变效果

图 3－2－11　顶部金属条添加拉丝材质效果

八、壶身添加金属渐变

使用与添加壶顶部金属条渐变色同样的方法，为壶身编辑一个自定义线性渐变，如图 3－2－12 所示。

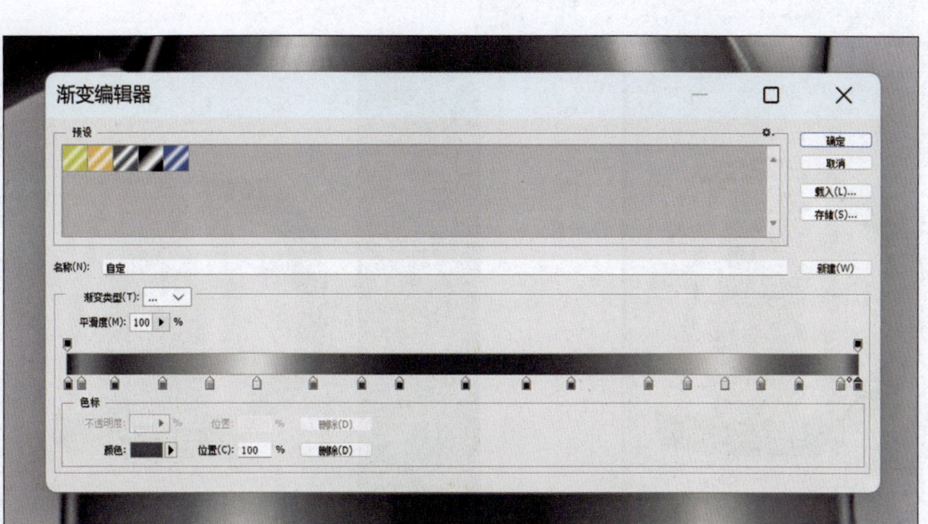

图 3－2－12　添加壶身渐变色

应用设定好的渐变，会得到一个标准的条形，如图 3－2－13 所示。

图 3－2－13　壶身添加线性渐变效果

九、壶身渐变色形状调整

竖直条状渐变显然是与实际不符合的，仔细观察壶身上部是收拢的形状，渐变也应该跟着一起进行形状调整，按 Ctrl＋T 组合键，调出自由变换功能。在窗口上部属性面板中单击“自由变形”，拖曳手柄就可以调整形状，如图 3－2－14 所示。

上面手柄内收，下面手柄外放，上下联合调整到最佳效果，如图 3－2－15 所示。

图 3-2-14　壶身渐变图层自由变形调整效果（1）

图 3-2-15　壶身渐变图层自由变形调整效果（2）

十、壶身高光、阴影调整

仔细观察图片光影位置，为壶体添加高光阴影，达到最终效果，如图 3-2-16 所示。

图 3-2-16　小家电美化最终效果

任务 3-3 电商引流图设计

任务工单

<table>
<tr><td>任务名称</td><td colspan="5">电商引流图设计</td></tr>
<tr><td>组别</td><td></td><td>成员</td><td></td><td>小组成绩</td><td></td></tr>
<tr><td>学生姓名</td><td colspan="3"></td><td>个人成绩</td><td></td></tr>
<tr><td>任务情境</td><td colspan="5">按照客户要求完成电商产品图美化。现请你以设计人员的身份帮助工作人员完成电商引流图设计的全部过程，包括设计理念、设计思路、设计方法、设计结果。</td></tr>
<tr><td>任务目标</td><td colspan="5">结合电商产品特点，完成适合电商产品特点的设计。</td></tr>
<tr><td>任务实施</td><td colspan="5">1. 了解电商产品，分析产品特色。
2. 结合电商产品定位以及相关产品特色等进行设计。
3. 通过 Photoshop 软件完成设计。</td></tr>
<tr><td>实施总结</td><td colspan="5"></td></tr>
<tr><td>小组评价</td><td colspan="5"></td></tr>
<tr><td>任务点评</td><td colspan="5"></td></tr>
</table>

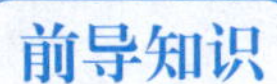

一、蒙版的概念

Photoshop 蒙版也可以理解是浮在图层之上的一块玻璃挡板，它本身不包含图像数据，只是对图层的部分起到遮挡的作用，当对图层进行操作时，被挡部分的数据是不会受到影响的。

蒙版的原理：蒙版是将不同灰度色值转化为不同的透明度值，并作用到它所在的图层，让图层不同地方的透明度发生相应的变化。纯黑色表示完全透明，纯白色表示完全不透明。

二、蒙版技法

蒙版包括快速蒙版、矢量蒙版、剪切蒙版、图层蒙版。

1. 快速蒙版

快速蒙版模式可以将任何选区作为蒙版进行编辑，而无须使用“通道”调板，在查看图像时也可如此。将选区作为蒙版来编辑的优点是几乎可以使用任何 Photoshop 工具或滤镜修改蒙版。

例如，如果用选框工具创建了一个矩形选区，可以进入快速蒙版模式并使用画笔扩展或收缩选区，也可以使用滤镜扭曲选区边缘。从选中区域开始，使用快速蒙版模式在该区域中使用画笔添加或减去笔触，以编辑创建的快速蒙版。另外，也可完全在快速蒙版模式中创建蒙版。受保护区域和未受保护区域以不同颜色进行区分。当关闭快速蒙版模式时，未受保护区域成为选区。

快速蒙版的作用是通过用黑、白、灰三类颜色画笔来画出选区，黑色画笔可画出不被选择区域，白色画笔可画出被选择区域，灰色画笔画出半透明选择区域。

2. 矢量蒙版

矢量蒙版是可以任意放大或缩小的蒙版。矢量图像就是不会因放大或缩小操作而影响清晰度的图像。一般的位图包含的像素点在放大或缩小到一定程度时会失真，而矢量图的清晰度不受这种操作的影响。

矢量蒙版主要用来做什么？矢量蒙版是通过形状控制图像显示区域的，它仅能作用于当前图层。矢量蒙版中创建的形状是矢量图，可以使用钢笔工具和形状工具对图形进行编辑修改，从而改变蒙版的遮罩区域，也可以对它任意缩放而不必担心产生锯齿。

3. 剪切蒙版

剪切蒙版和被蒙版的对象起初被称为剪切组合，并在“图层”调板中用虚线标出。可以通过包含两个或多个对象的选区或从一个组或图层中的所有对象来建立剪切组合。可以使用上面图层的内容来蒙盖它下面的图层。底部或基底图层的透明像素蒙盖它上面图层（属于剪贴蒙版）的内容。

4. 图层蒙版

图层蒙版相当于一块能使物体变透明的布，在布上涂黑色时，物体变透明，在布上涂白色时，物体显示，在布上涂灰色时，物体半透明。

任务实施

本次任务制作一幅化妆品宣传图，主要训练素材的收集、整理以及融合设计等相关技能。

本次任务成果如图 3-3-1 所示。

任务详情

图 3-3-1 任务成果图

一、新建文档

新建文档尺寸为 1 200 像素 ×1 920 像素，如图 3-3-2 所示。

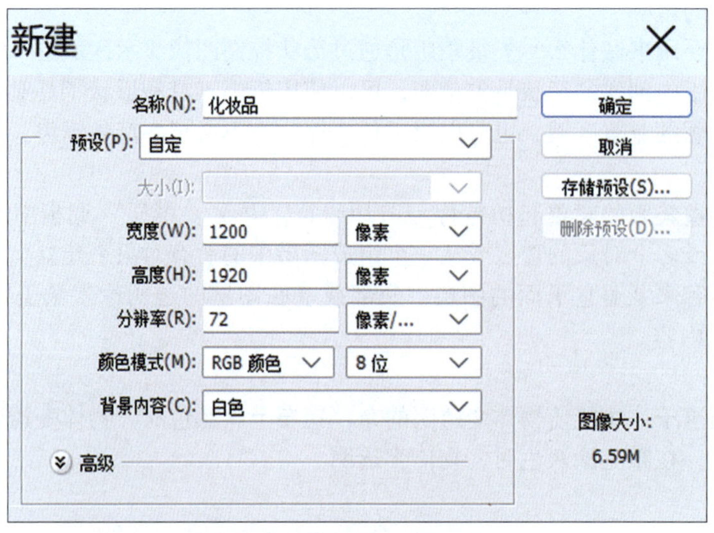

图 3-3-2 文档尺寸选择界面

二、设置背景颜色

使用矩形工具绘制蓝色背景。调整好颜色和大小，如图3－3－3所示。

图3－3－3 背景设计

三、放置主题产品

右击制作好的素材，选择“复制到目标文档”，弹出如图3－3－4所示对话框。

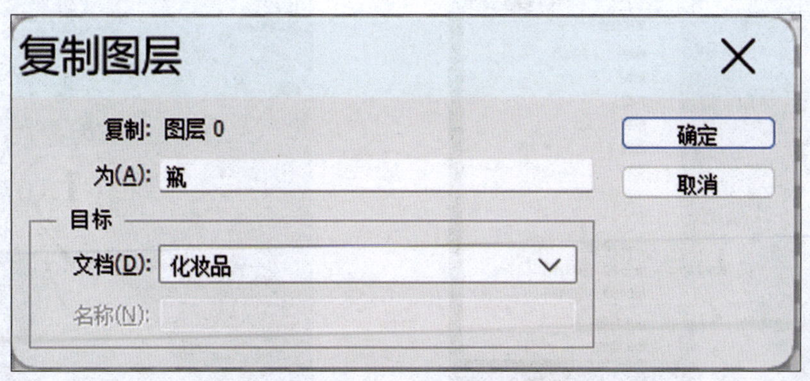

图3－3－4 放置主题产品

四、调整主题产品摆放关系

为了使画面具有一定趣味性，调整产品摆放关系，例如旋转、远近关系，如图3－3－5所示。

图 3-3-5　调整主题产品摆放关系

五、为主题产品制作倒影

产品的倒影，同样呼应水这一设计思路。按 Ctrl + T 组合键选择“垂直翻转”，如图 3-3-6 所示。

六、调整倒影图层透明度

调整倒影位置，就可以观察到倒影雏形。为了更好地突出真实产品和虚影，调整倒影图层的透明度到合适数值，如图 3-3-7 所示。

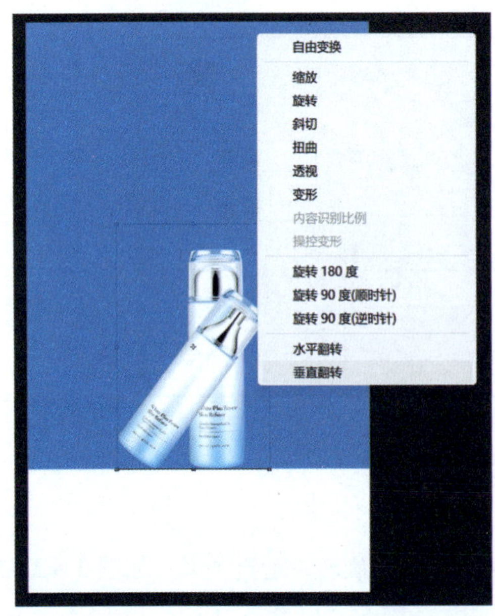

图 3-3-6　使用垂直翻转操作

图 3-3-7　调整倒影透明度效果

七、突出主题产品，设计打光

新建图层，绘制径向渐变，调整透明度，使产品与背景更好地融合，如图3－3－8所示。

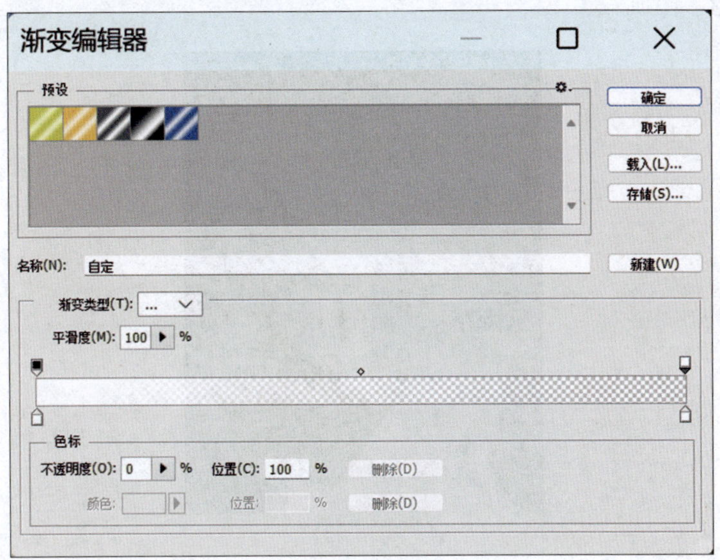

图3－3－8　添加径向渐变效果

八、为光线图层添加蒙版

用选区工具拖曳出一个与蓝色背景大小相符的方形选区，在光线图层被选中的情况下，单击图层下面的蒙版按钮，为光线图层添加蒙版。此时蒙版图中倒影部分是黑色，表示光线图层里倒影部分不显示，只显示产品，使倒影更加清晰，如图3－3－9所示。

图3－3－9　调整径向渐变效果

九、为主体产品添加装饰元素

考虑这款美妆产品的功能特征是补水，在完成主体产品设计后，为其添加水珠系列装饰元素，如图 3－3－10 所示。

图 3－3－10　添加装饰元素效果

十、添加宣传语

设置文字图层样式为外发光，选择合适的颜色以及扩展大小，如图 3－3－11 所示。

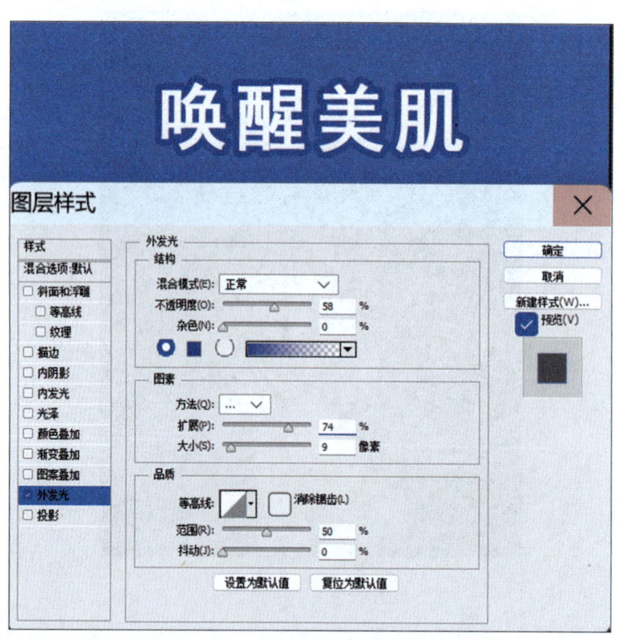

图 3－3－11　添加文字图层样式效果

十一、完成美妆详情图最终效果

调整所有素材的位置和大小，最终效果如图 3－3－12 所示。

图 3－3－12　最终效果

任务 3－4 产品图特殊效果设计

任务工单

任务名称	产品图特殊效果设计				
组别		成员		小组成绩	
学生姓名				个人成绩	
任务情境	按照客户要求完成电商产品图美化。现请你以设计人员的身份帮助工作人员完成电商产品图特殊效果设计的全部过程，包括设计理念、设计思路、设计方法、设计结果。				
任务目标	结合电商产品特点，完成适合电商产品特点的设计。				
任务实施	1. 了解电商产品，分析产品特色。 2. 结合电商产品定位以及相关产品特色等进行设计。 3. 通过 Photoshop 软件完成设计。				
实施总结					
小组评价					
任务点评					

前导知识

一、电商产品图色彩表达

1. 色彩的属性与对比

色彩由色相、明度以及纯度 3 种属性构成。色相，即各类色彩的视觉感受，如红、黄、绿、蓝等各种颜色；明度，是眼睛对光源和物体表面的明暗程度的感觉，取决于光线的强弱；纯度，也称饱和度，是指对色彩鲜艳度与浑浊度的感受。在搭配色彩时，经常需要用到一些色彩的对比。

2. 主色、辅助色与点缀色

淘宝美工在搭配店铺的页面色彩时，并不是随心所欲的，而是需要遵循一定的比例与程序。网店装修配色的黄金比例为 70∶25∶5，其中，主色色域应该占总版面的 70%，辅助色所占比例为 25%，而其他点缀性的颜色所占比例为 5%。

主色：主色调是页面中占用面积最大，也是最受瞩目的色彩，它决定了整个店铺的风格。主色调不宜过多，一般控制在 1～3 种颜色，过多容易造成视觉疲劳。主色调不是随意选择的，而是系统性分析自己品牌受众人群的心理特征，找到群体中易于接受的色彩。

辅助色：辅助色是指占用面积略小于主色，用于烘托主色的颜色。合理应用辅助色能丰富页面的色彩，使页面显示更加完整、美观。

点缀色：点缀色是指页面中面积小、色彩比较醒目的一种或多种颜色。合理应用点缀色，可以起到画龙点睛的作用，使页面主次更加分明、富有变化。

二、电商产品图装饰表达

不管图形图像的内容、形式如何复杂多变，作为视觉形式的语言，构成图形图像的最基本的造型元素是点、线、面。点、线、面的变化与组合，形成了一个个生动的图形图像。

1. 点

点是可见的最小的形式单元，具有凝聚视觉的作用，可以使画面布局显得合理舒适、灵动且富有冲击力。

在几何学中，点是表示位置的几何元素。在视觉形态中，点还具有形状、方向、大小等属性。点的概念是相对的，是与周围的视觉元素相比较而言的。例如，地球在宇宙中可以被看作点，人在广场中可以被看作点，细胞在人体中同样可以被看作点。点具有视觉集中的属性。

除了圆形以外，点还可以是方形、三角形、星形、自由形等很多形状。在视觉上，只要图形相对小，就有点的效果。

2. 线

几何学中，点是零次元。线是一次元，具有方向性。自然形态中，线的意象体现为具有方向性延伸的事物，如曲折的河流、笔直的公路、环绕的跑道、挺拔的白杨树等。

视觉形态中的线除了方向性外，还具有位置、长度、宽度、形状和性格。在图形图像中，运用不同形式的线造型和不同的线型组合作为视觉元素，可以大大丰富网页界面的视觉效果。线分为直线和曲线。直线分为垂直线、水平线、斜线；曲线分为几何曲线和自由曲线。

（1）直线具有固定的方向性，给人以单纯、明确、庄严的感觉。其中，粗直线钝重、强力；细直线敏锐，略带神经质。

（2）垂直线：令人产生严肃、威严、蓬勃向上、崇高的感觉，分割左右、连接上下。

（3）水平线：令人产生开阔、平静、安定、均衡的感觉，分割上下、连接左右。

（4）斜线：具有活动、动荡和不安定感，富于变化，有活力。

（5）曲线：具有不固定的方向，常给人以柔软、流畅、温和的印象，具有女性特征。

（6）几何曲线：比较明确、规整，具有速度感、弹性、充实感，既有直线的简单明快，又有曲线的柔软运动。

线在视觉形态中可以表现长度、宽度、位置、方向性和性格，具有刚柔共济、优美和简洁的特点，经常用于渲染画面，引导、串联或分割画面元素。

3. 面

面点的放大即为面，线的分割产生各种比例的空间，也称为面。在版面中，面具有组合信息、分割画面、平衡和丰富空间层次、烘托与深化主题的作用。面是二次元空间所构成的形，它既可以看作点的密集，也可以看作线的平行排列。与点、线相比，面的分量更大，因而在视觉表现上更为强烈、实在。

三、设计的创意技法

图形图像设计是一种创造新形象的过程，这一过程首先需要一个在原有感性形象的基础上创造新形象的心理历程，也就是想象。

想象是创意的基石，虽然创造力的根本源于敏锐的观察力，对自然事物、现象的认知和关心，以及自身所蕴含的丰富感情，但若没有大胆的想象，创造力就无从谈起。

这种创造的想象是一种思维上的创造和再造形象的过程，它与一般的想象不同，创造的想象能将散漫的形象融成结果，而一般的想象是凌乱而无结果的。

创造的想象力广泛应用在需要创造力的领域，中国古代的文学家、艺术家、诗人大都运用创造性的想象，为世人留下了流传千古的艺术作品。科学家的研究和艺术一样，也需要创造性的想象力，正如一位伟人所说："想象力比知识更重要。"

联想是从甲事物到乙事物的相关性思考，是人脑进行的一种创造性的思维活动，它综合了认知能力、记忆能力、理解能力和想象能力。客观世界的万事万物是普遍联系的。

具有各种不同联系的事物反映在大脑中，形成各种不同的联想：在空间或时间上相接近的事物形成接近联想，有相似特点的事物形成类似联想，有对立关系的事物形成对比联想，有因果关系的事物形成因果联想。在设计上最常用、最容易产生效果的是类似联想。

在进行图形图像创意时，也可以借助这一文学上的表现手法，以现实生活中的事物为基础，运用丰富的想象，抓住它们的特点加以夸大和强调，彰显它们的个性，由此创造奇特有趣的形象。夸张的手法能更鲜明地强调或揭示事物的实质，增强画面的视觉效果。

小贴士

传统文化焕发新生

"传统"虽然在时间上代表历史，但在观念上并不代表陈旧。传统的东西让历史得以延续，让文化保持差异性，从而让人的内心产生归属感。一个人在异乡听到家乡话，看到家乡的地方戏曲，必定为之感动。

人们在进行图形图像的创意思维时，围绕它的主题，结合传统文化的内容和表现形式，创意构思可能会更有文化内涵，视觉效果也会更加灵活多样。

文字是记录和传达人类语言的书写符号，它使人类的语言更加丰富，交流更为方便，它是人类进入文明时代的标志。文字可以分为表形、表意、表音3种类型，不管哪种类型，从构图角度来看，文字的结构都符合图形的审美法则。

文字的美，尤其是文字的变化之美，能启发人们产生很多图形图像的创意。对于文字的变化方式，通过设计师的巧妙构思，可以变化出无穷无尽的形态。例如文字的变形、组合、图形化等技法。

任务实施

本次任务制作一些产品的光效或者一些特殊效果。在进行产品宣传设计的时候，一般首先对产品进行精修，然后通过平面作品的特殊效果，将这个产品能够给浏览者产生的体验具象表达出来。例如空调，需要表达凉爽的体验感觉，可以通过凉风具象的扩散，表现出舒适、清凉、飘逸的感觉。

任务详情

同样的设计思路，如果是电暖风，可以改成红色或橙色，传递一种暖和的感受。下面就以空调为例，为产品添加特殊效果。

本次任务成果如图3-4-1所示。

图3-4-1　任务成果图

一、创建选区

新建一个图层，选择“矩形选区”工具，在空调下方位置拖曳出一个矩形，如图3-4-2所示。

图3-4-2 创建选区效果

二、特殊效果笔刷设计

选择“笔刷工具”，绘制特殊效果线条，首先编辑笔刷的颜色，设置前景色为蓝色，即设定笔刷颜色。随后调整笔刷大小、软化以及不透明度，操作参数如图3-4-3所示。

图3-4-3 调整绘制笔刷

三、绘制蓝色特殊效果线条

在选区内偏左侧位置从上到下拖曳鼠标，可以实现蓝色线条只在选区内被应用，如图3-4-4所示。

图 3－4－4　绘制蓝色线条效果

四、绘制白色特殊效果线条

在蓝色线条上绘制一个白色风的轨迹，可以先画一个白色粗线条，再使用选区去掉多余部分，如图 3－4－5 所示。注意，这个白色线条要在一个新图层上绘制。

图 3－4－5　绘制白色线条效果

保持现在的选区不取消，按→键将选区向右移动 1 像素，删除白色线条图层选区覆盖部分，如图 3－4－6 所示。

图 3-4-6 修剪白色线条效果

五、复制特殊效果线条组合

要得到多条表达风的线条，首先按 Ctrl + J 组合键复制第一个，按 Ctrl + T 组合键进入自由变换状态，移动线条，如图 3-4-7 所示。

图 3-4-7 线条应用自由变换操作

使用 Ctrl + Shift + Alt + T 组合键重复刚才的复制变换操作，如图 3-4-8 所示。

图 3－4－8　线条拖曳复制操作

六、其他特殊效果设计

常见的特效还有如图 3－4－9 所示的白色风，。

图 3－4－9　白色风特效

七、白色特殊效果设计

这种透明度变化的效果是使用笔刷绘制的。首先单击画笔工具的齿轮图标，进行载入画笔设置，载入素材笔刷，如图 3－4－10 所示。

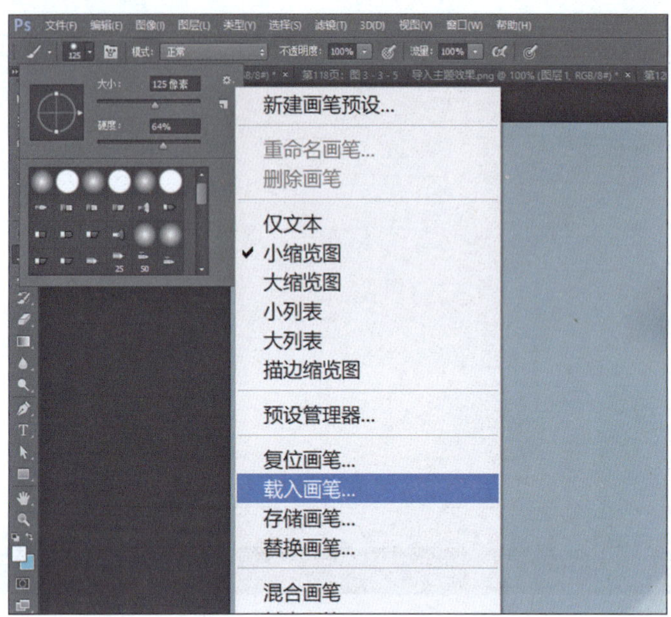

图 3-4-10　载入笔刷操作

八、载入烟雾笔刷

按照路径载入素材烟雾笔刷，如图 3-4-11 所示。

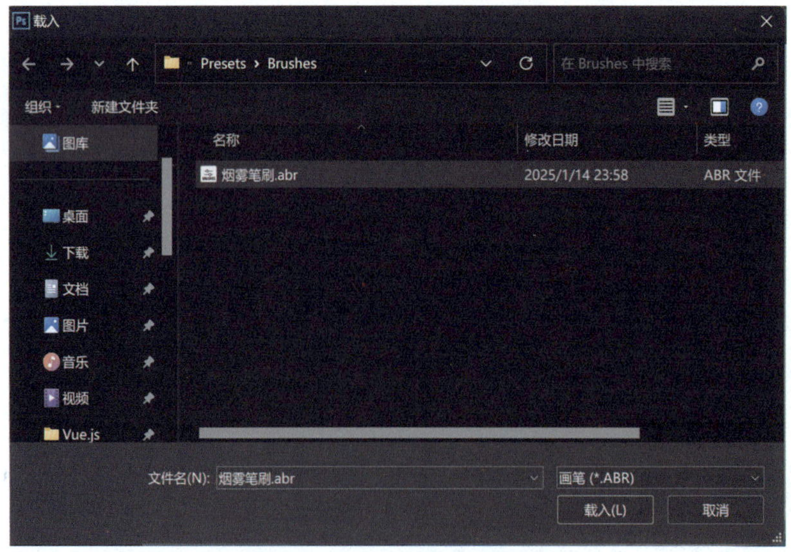

图 3-4-11　载入烟雾笔刷

九、绘制烟雾效果

新建图层，选择一个合适的笔刷进行绘制，方向和数量由风的位置和密度来决定，如图 3-4-12 所示。

图 3-4-12　烟雾绘制效果

十、为烟雾笔刷添加滤镜效果

可以看到这个笔刷绘制的是速度较慢的烟，而不是速度较快的风，需要使用模糊滤镜对它进行动感模糊处理，体现速度，如图 3-4-13 所示。

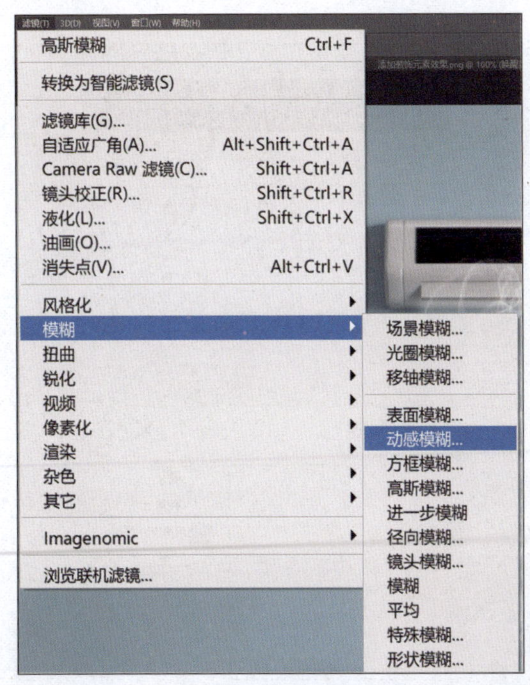

图 3-4-13　动感模糊应用操作（1）

根据烟雾的脉络，使用 0°方向进行模糊处理，更能看出风的细节纹理，如图 3-4-14 所示。

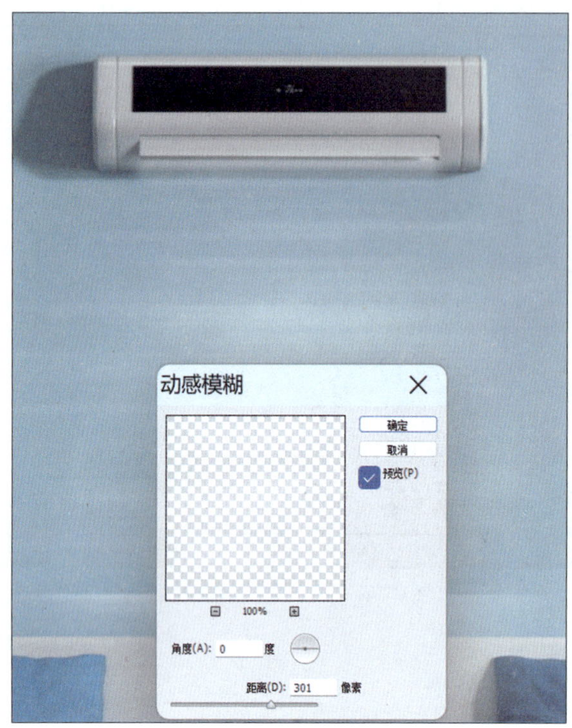

图 3-4-14　动感模糊模糊应用操作（2）

感觉效果不显著，可以复制多个同样的图层进行加强，如图 3-4-15 所示。

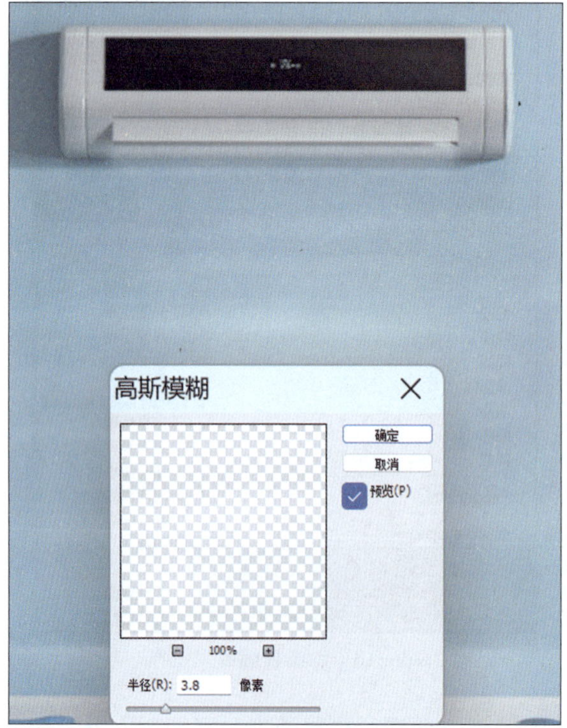

图 3-4-15　高斯模糊应用效果

十一、特殊效果形状调整

使用 Ctrl + T 组合键进行变换，调整方向和大小，完成风的方向和形状设置，如图 3 - 4 - 16 所示。

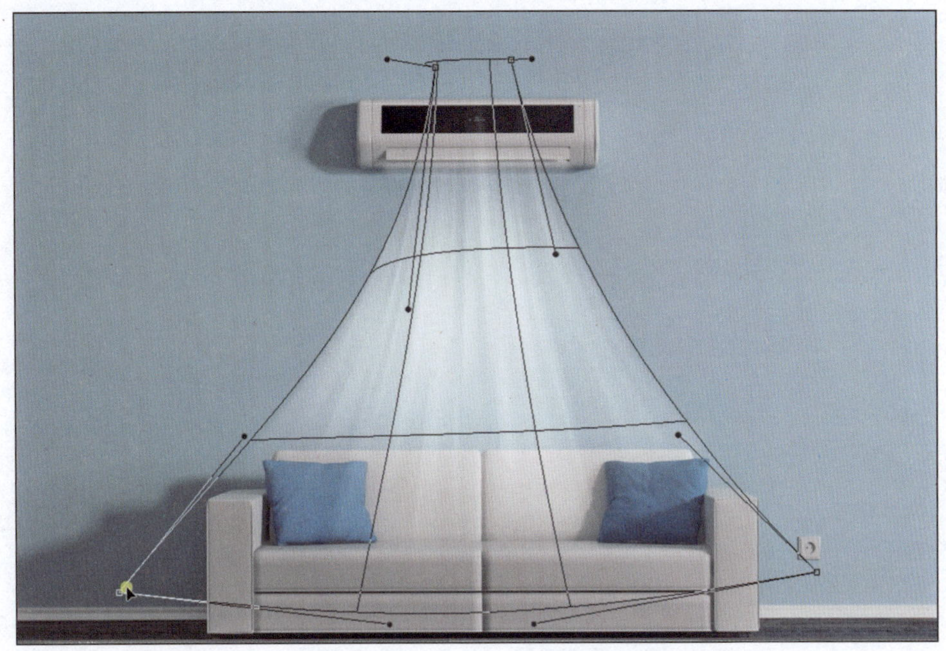

图 3 - 4 - 16 使用自由变换调整效果

项目四　UI 设计

任务 4－1 玻璃质感按钮 UI 设计

任务工单

<table>
<tr><td>任务名称</td><td colspan="5">玻璃质感按钮 UI 设计</td></tr>
<tr><td>组别</td><td></td><td>成员</td><td></td><td>小组成绩</td><td></td></tr>
<tr><td>学生姓名</td><td colspan="3"></td><td>个人成绩</td><td></td></tr>
<tr><td>任务情境</td><td colspan="5">按照客户要求完成 UI 界面质感按钮设计。现请你以设计人员的身份帮助工作人员完成 UI 界面质感按钮设计的全部过程，包括设计理念、设计思路、设计方法、设计结果。</td></tr>
<tr><td>任务目标</td><td colspan="5">结合企业特点，完成符合企业要求的按钮设计。</td></tr>
<tr><td>任务实施</td><td colspan="5">1. UI 设计需求。
2. UI 中交互的种类。
3. 通过 Photoshop 软件完成设计。</td></tr>
<tr><td>实施总结</td><td colspan="5"></td></tr>
<tr><td>小组评价</td><td colspan="5"></td></tr>
<tr><td>任务点评</td><td colspan="5"></td></tr>
</table>

前导知识

一、UI设计概述

UI设计（或称界面设计）是指对软件的人机交互、操作逻辑、界面美观的整体设计。UI设计分为实体UI和虚拟UI，互联网常用的UI设计是虚拟UI，UI即User Interface（用户界面）的简称。好的UI设计不仅能让软件变得有个性、有品位，还能让软件的操作变得舒适、简单、自由，充分体现软件的定位和特点。

UI是人与信息交互的媒介，它是信息产品的功能载体和典型特征。UI作为系统的可用形式而存在，比如以视觉为主体的界面，强调的是视觉元素的组织和呈现。这是物理表现层的设计，每一款产品或者交互形式都以这种形态出现，包括图形、图标、色彩、文字设计等，用户通过它们来使用系统。

UI包括信息的采集与反馈、输入与输出，这是基于界面而产生的人与产品之间的交互行为。在这一层面，UI可以理解为User Interaction，即用户交互，这是界面产生和存在的意义所在。人与非物质产品的交互更多依赖于程序的无形运作来实现，这种与界面匹配的内部运行机制，需要通过界面对功能的隐喻和引导来完成。因此，UI不仅要有精美的视觉表现，还要有方便快捷的操作，以符合用户的认知和行为习惯。

UI的高级形态可以理解为User Invisible。对用户而言，在这一层面UI是“不可见的”，这并非是指视觉上的不可见，而是让用户在界面之下与系统自然地交互，沉浸在他们喜欢的内容和操作中，忘记了界面的存在。这需要更多地研究用户心理和用户行为，从用户的角度来进行界面结构、行为、视觉等层面的设计。大数据的背景下，在信息空间中，交互会变得更加自由、自然并无处不在，科学技术、设计理念及多通道界面的发展，以及普适计算界面的出现，用户体验到的交互是下意识甚至是无意识的。

UI设计现今简单理解就是手机App、电脑网页、电子产品屏幕、小程序、AR、VR、其他设备等用户看到的界面视觉，它包含配色、界面构图、banner图、按钮设计、图标设计、字体设计、插画设计、动效设计、切图及设计规范等具体的工作内容。通常UI设计师与交互设计师、程序员形成上下的工作衔接，共同完成用户使用的产品。

二、UI设计分类

UI设计（界面设计包括硬件界面设计和软件界面设计，这里探讨的是软件界面设计）包括用户研究、交互设计和界面设计三个部分。

1. 用户研究

在产品开发的前期，通过调查研究，了解用户的工作性质、工作流程、工作环境、工作中的使用习惯，挖掘出用户对产品功能的需求和希望，为界面设计提供有力的思考方向，设计出让用户满意的界面。

用户研究不是设计者主观的行为，而是站在用户的角度去探讨产品的开发设计。它最终达到的目标是提高产品的可用性，使设计的产品更容易被人接受、使用并记忆。

当产品最终被推上市场后，设计者还应该主动去收集市场的用户反馈。因为市场反馈是用户使用后的想法，是检验界面设计与交互设计是否合理的标准，也是经验积累的重要途径。

2. 交互设计

这部分指人与机之间的交互过程，一般都是软件工程师来制作，交互设计师的工作内容是设计软件的操作流程、树状结构、软件的结构与操作规范等。一个软件产品在编码之前需要做的就是交互设计，并且确立交互模型、交互规范。

人机交互设计的目的在于加强软件的易用、易学、易理解，使计算机真正成为方便地为人类服务的工具。

3. 界面设计

目前大部分 UI 工作者都是从事这类设计工作，也有人称之为美工，但实际上不是单纯意义上的美术工作者，而是软件产品的信息界面设计师。

从心理学意义来分，界面可分为感觉（视觉、触觉、听觉等）和情感两个层次。用户界面设计是屏幕产品的重要组成部分。界面设计是一个复杂的有不同学科参与的过程，认知心理学、设计学、语言学等在此都扮演着重要的角色。用户界面设计的三大原则：界面于用户的控制之下；减少用户的记忆负担；保持界面的一致性。

小贴士

鲁班锁是一种涉及立体几何知识的玩具。通过几何分割，可以组成多种锁定方式。鲁班锁的核心是榫卯结构。榫卯结构诞生于中国，自古以来便是华夏建筑文化的精魄所在。榫卯构件中凸出部分称为榫，凹入部分则称为卯，如图 4－1－1 所示。现在，科技比较发达，榫卯结构貌似不会有以往的繁荣景象，但是仍然有人保持着匠心精神，与时光磨合前进，把榫卯结构的“鲁班锁”更进一步地优化出当代的工匠精神。

图 4－1－1　榫卯结构的鲁班锁

鲁班被誉为中国工匠鼻祖，“鲁班锁”代表一种“工匠精神”。在 2014 年 10 月召开的中德经济技术论坛上，李克强总理曾将一把精巧的鲁班锁送给默克尔，蕴含着深意。如今“德国制造”堪称现代世界制造业标杆，把鲁班锁作为礼物，寄寓着全球最大制造国与最精良制造国深度合作。鲁班锁在“中国制造”实现转型升级、由大变强，弘扬“工匠精神”方面具有一定意义。

本次任务

本次任务的内容是完成一个 UI 界面中的玻璃质感按钮，如图 4－1－2 所示。玻璃质感用来表现物体的光影效果，要突出半透明、透明、背景之间的前后关系，所用方法为 Photoshop 中的图层样式调整。

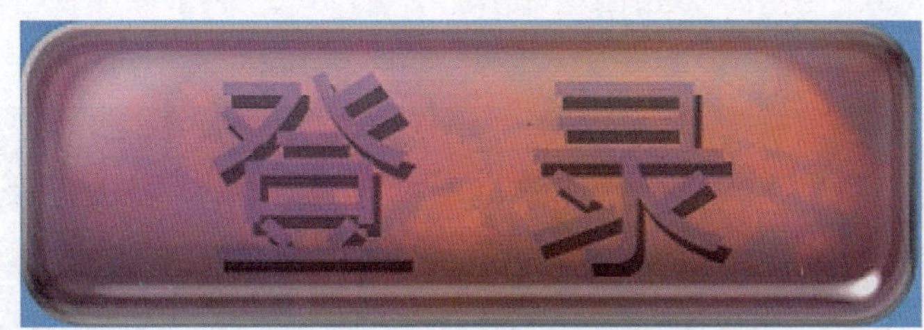

任务详情

图 4－1－2　玻璃质感按钮

（1）拖动鼠标，拖动画一个圆角矩形，调整大小，填充颜色，去掉边框颜色，修改圆角半径，如图 4－1－3 所示。

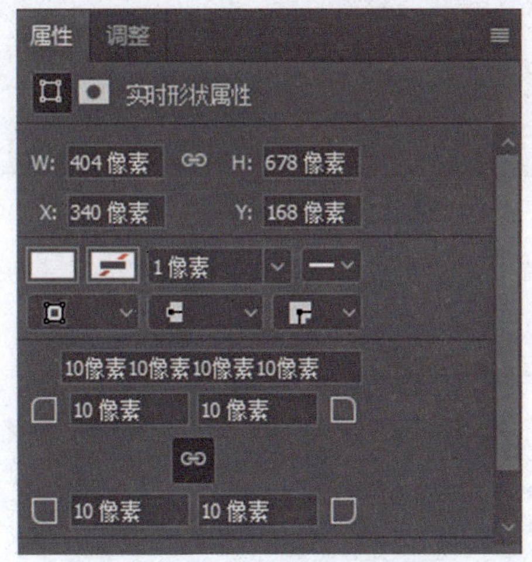

图 4－1－3　圆角矩形属性修改

（2）选择该圆角矩形图层，右击，选择“栅格化图层”，如图 4－1－4 所示。

图 4－1－4　栅格化图层

（3）复制该图层，并把两个图层分别改名为“top1”和“down1”，用来区分高光区和阴影区，如图 4－1－5 所示。

图 4－1－5　图层复制并改名

（4）把两个图层的“填充”属性改为“0%”，如图 4－1－6 所示。

图 4－1－6　图层填充色调整

（5）选择“down1”图层，双击图层并添加图层样式，如图 4－1－7 所示。

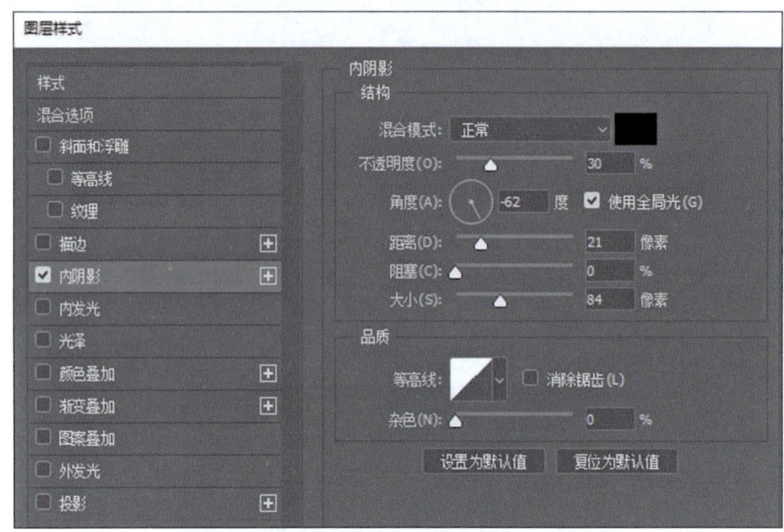

图 4－1－7　图层样式调整

（6）勾选“斜面和浮雕”，属性修改如图 4－1－8 所示，给圆角矩形增加高光区域，产生光照后玻璃的高光状态。

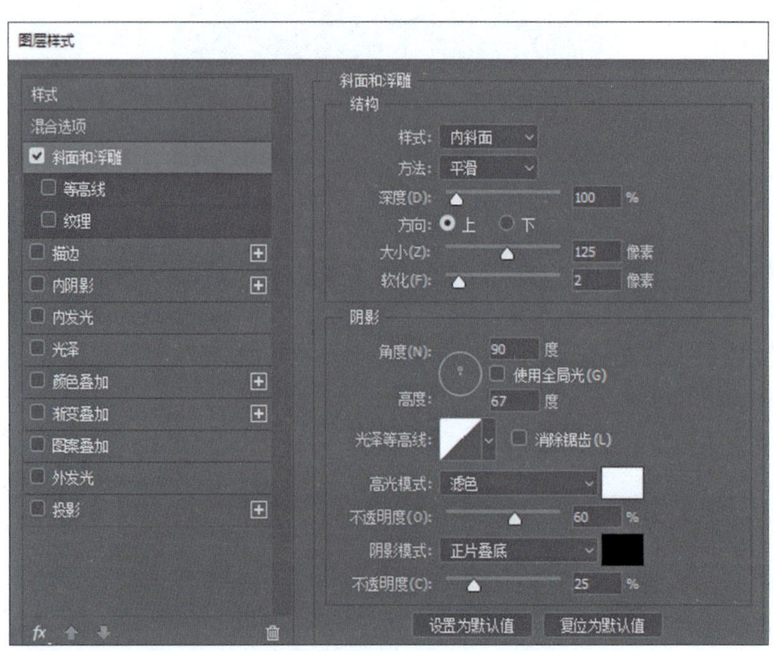

图 4－1－8　斜面和浮雕样式调整

（7）勾选“斜面和浮雕”下的“等高线”，选择等高线类型，如图 4 – 1 – 9 所示，增加结果的玻璃质感。

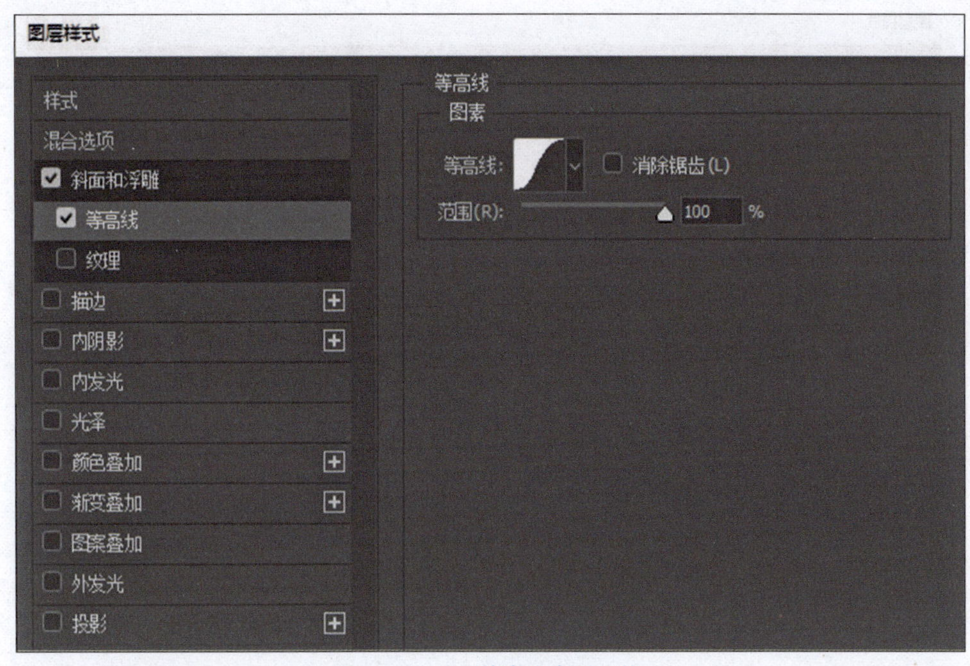

图 4 – 1 – 9　等高线类型调整

（8）勾选“描边”样式，属性修改如图 4 – 1 – 10 所示，区分出高光和阴影区，增加结果的立体感。

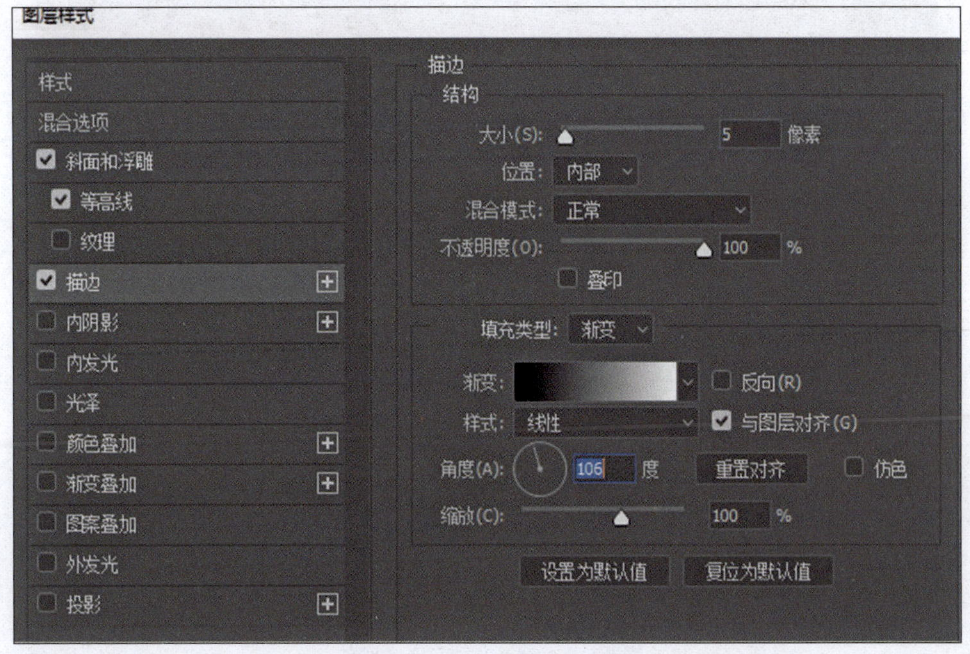

图 4 – 1 – 10　描边样式调整

（9）勾选“内阴影”样式，属性修改如图 4－1－11 所示，通过增加底部阴影区域，让结构立体感更加突出。

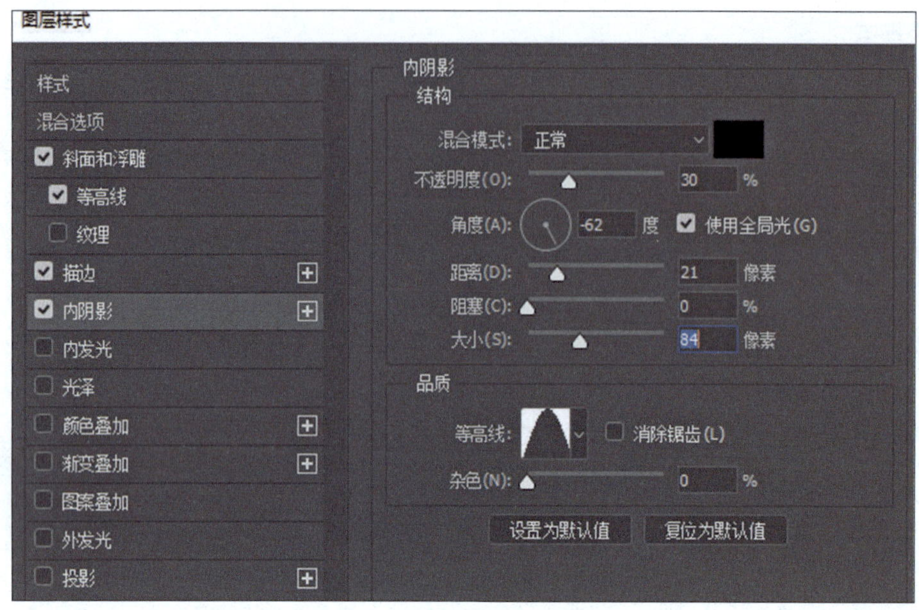

图 4－1－11　内阴影样式调整

（10）勾选“内发光”样式，属性修改如图 4－1－12 所示，增加底部的阴影面积，让结构更接近实际场景效果。

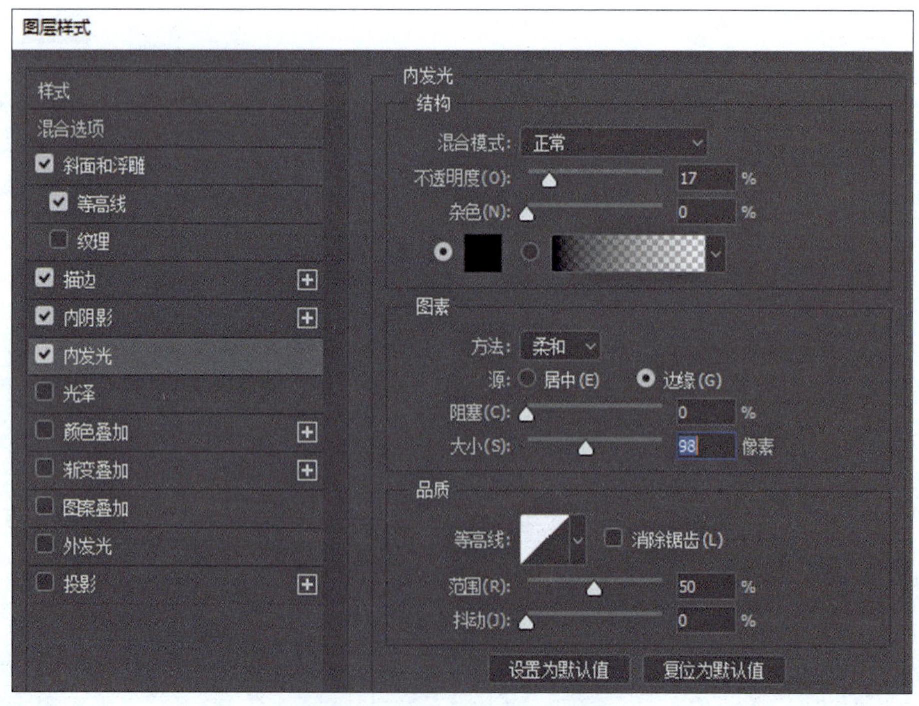

图 4－1－12　内发光样式调整

（11）勾选“图案叠加”样式，属性修改如图 4－1－13 所示，选择事先选好的花纹图案，生成需要的花式按钮背景。

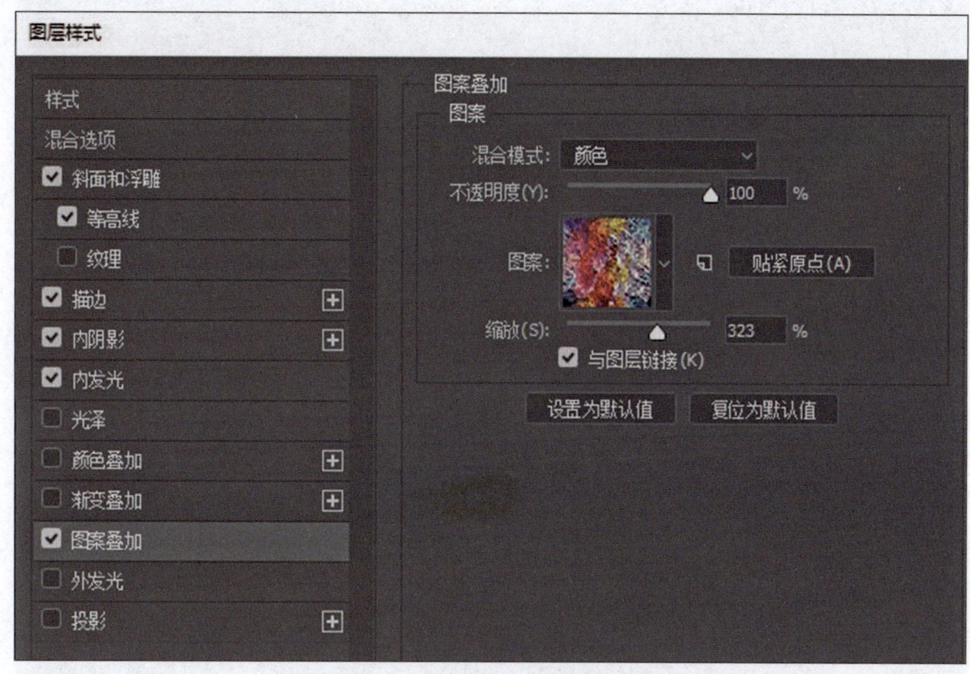

图 4－1－13 图案叠加样式调整

“down1”图层呈现出的效果如图 4－1－14 所示。

图 4－1－14 “down1”图层当前效果

（12）选择“top1”图层，双击图层并添加图层样式，勾选“斜面和浮雕”样式，属性修改如图 4－1－15 所示，增加底部高光。

（13）勾选“内阴影”样式，属性修改如图 4－1－16 所示，增加对比度。

（14）勾选“内发光”样式，属性修改如图 4－1－17 所示，注意修改“等高线”属性，增加案例边缘的平滑度。

（15）勾选“光泽”样式，属性修改如图 4－1－18 所示，模拟玻璃在光照下的光泽，让案例更 1 接近真实场景。

“down1”和“top1”图层呈现出的效果如图 4－1－19 所示，玻璃质感按钮基本成型，按钮光泽度更高，更接近真实玻璃质感。

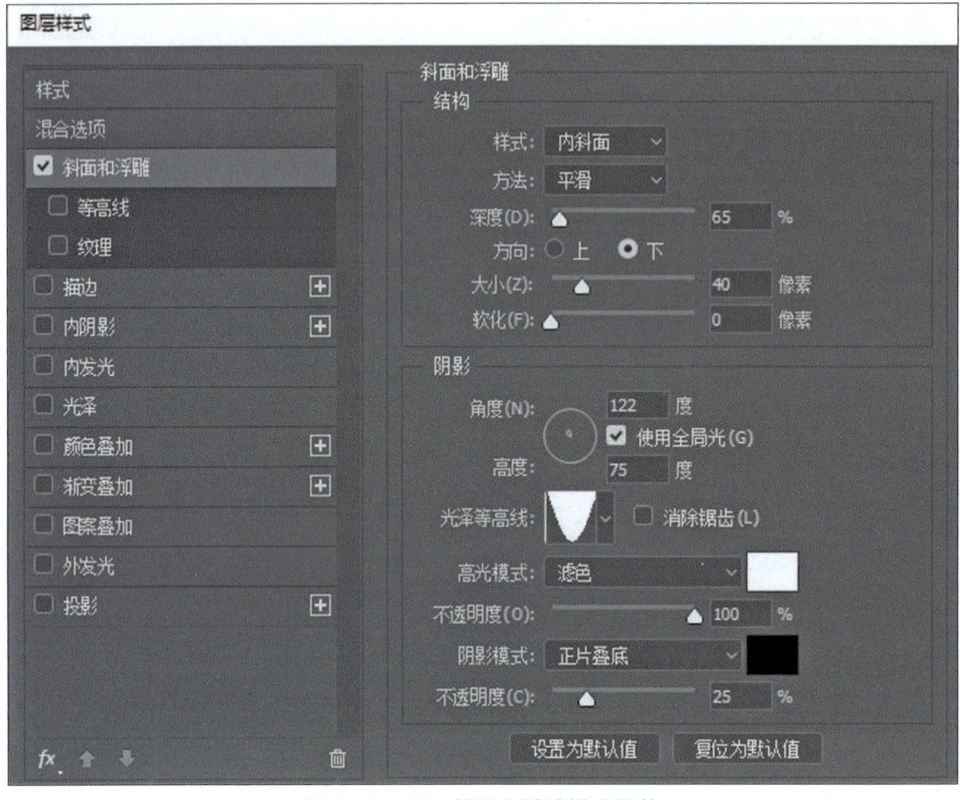

图 4-1-15　斜面和浮雕样式调整

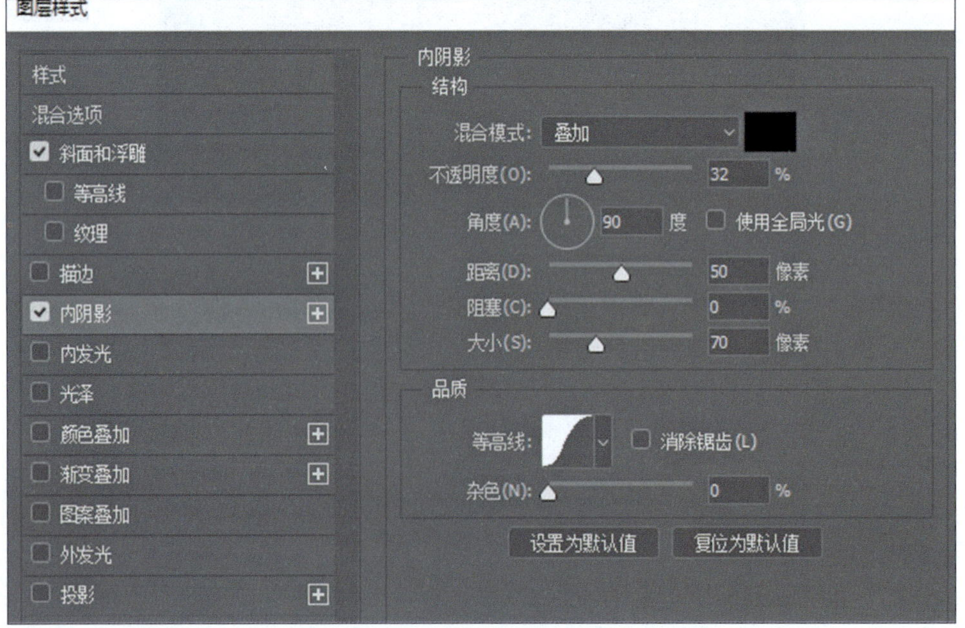

图 4-1-16　内阴影样式调整

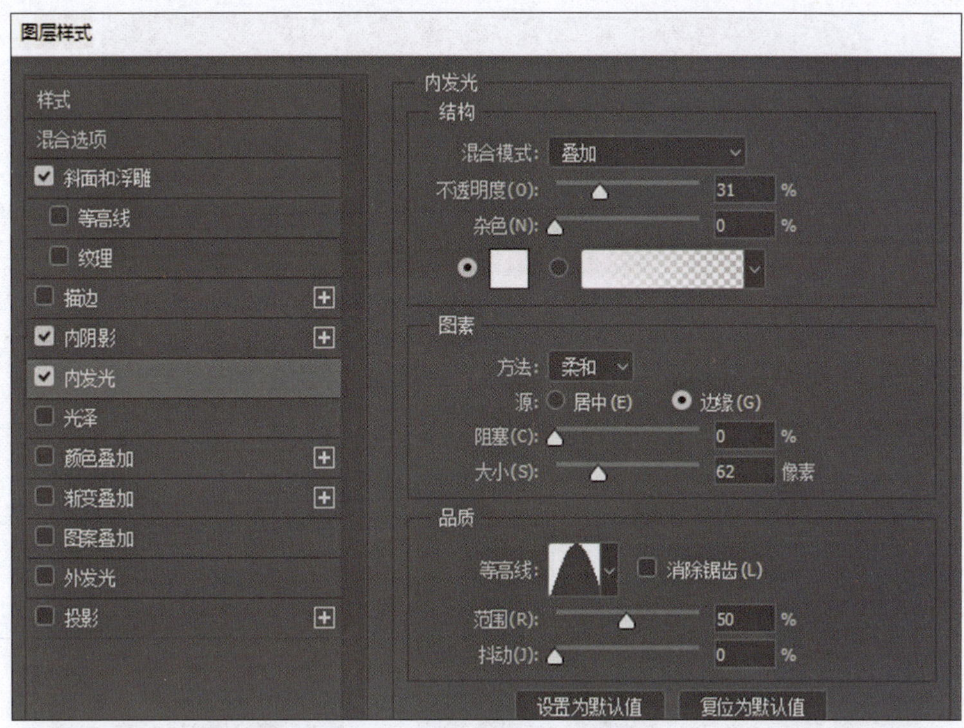

图 4－1－17　内发光样式调整

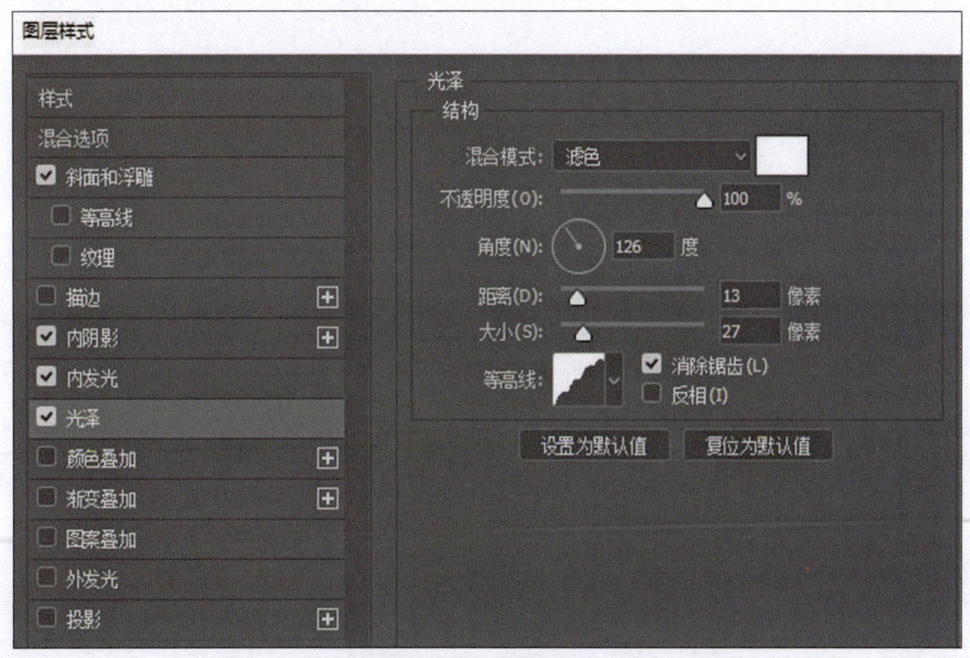

图 4－1－18　光泽样式调整

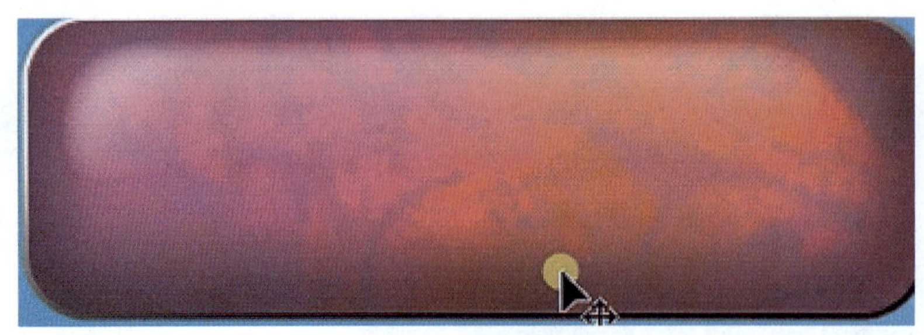

图 4-1-19　案例当前效果

（16）把按钮上的文字加上去，最终效果如图 4-1-2 所示。

可以用同样的方法得到一些塑料或者玻璃质感的文字，如图 4-1-20 所示。

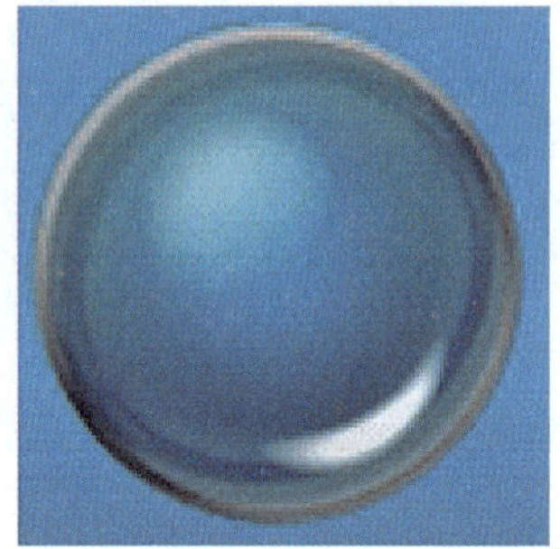

图 4-1-20　其他案例

任务 4-2 图标 UI 设计

任务工单

<table>
<tr><td>任务名称</td><td colspan="5">图标 UI 设计</td></tr>
<tr><td>组别</td><td></td><td>成员</td><td></td><td>小组成绩</td><td></td></tr>
<tr><td>学生姓名</td><td colspan="3"></td><td>个人成绩</td><td></td></tr>
<tr><td>任务情境</td><td colspan="5">按照客户要求完成手机 UI 界面上的图标设计。现请你以设计人员的身份帮助工作人员完成图标设计的全部过程，包括设计理念、设计思路、设计方法、设计结果。</td></tr>
<tr><td>任务目标</td><td colspan="5">结合企业特点，完成符合企业要求的图标设计。</td></tr>
<tr><td>任务实施</td><td colspan="5">1. 图标设计中用户提出的需求理解。
2. 图标的特点总结。
3. 通过 Photoshop 软件完成图标设计。</td></tr>
<tr><td>实施总结</td><td colspan="5"></td></tr>
<tr><td>小组评价</td><td colspan="5"></td></tr>
<tr><td>任务点评</td><td colspan="5"></td></tr>
</table>

前导知识

一、图标设计概述

图标，是一种图形化的标识，它有广义和狭义两种概念，广义指的是所有现实中有明确指向含义的图形符号，狭义主要指在计算机设备界面中的图形符号，有非常大的覆盖范围。常见图标如图 4－2－1 所示。

图 4－2－1　常见图标

对于 UI 设计师而言，主要针对的就是狭义的概念，它是 UI 界面视觉组成的关键元素之一。在当下最常见的扁平化设计风格中，界面的实际视觉组成只有 4 种元素：图片、文字、几何图形、图标。可以说，图片、文字、几何图形的运用，都只用到排版的技巧，而图标是 UI 设计中除了插画元素以外唯一需要“绘制”“创作”的元素。

图标既然有这么大的作用，并且这么重要，那么接下来就要进一步了解在工作中要设计哪些图标。

二、图标设计分类

1. 工具图标

工具图标是在日常讨论中提及最频繁的图标类型，是有明确功能、提示含义的标识。如标签栏上的图标，大多用扁平风格来表现。工具图标根据表现形式，又分为线性风格、面性风格和混合型风格。

线性图标，图形是通过线条的描边轮廓勾勒出来的，如图 4－2－2 所示。

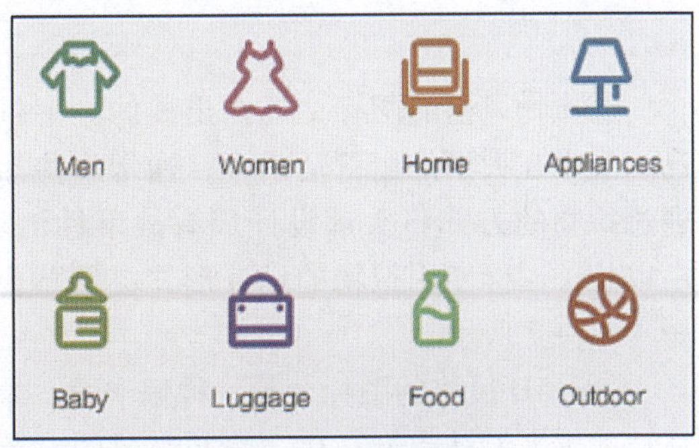

图 4－2－2　线性图标

面性图标，即使用对内容区域进行色彩填充的图标样式。同样，在这类图标中，也不是只能应用纯色的方式进行填充，还有非常多的视觉表现类型，如图 4－2－3 所示。

混合型图标，既有线性描边的轮廓，又有色彩填充的区域，如图 4－2－4 所示。

图 4－2－3　面性图标

图 4－2－4　混合型图标

2. 装饰图标

和工具图标相比，装饰图标的视觉性作用更多。对于一些比较复杂的应用，过分简约并不能弥补信息过多的信噪问题，要通过丰富视觉体验的方法来增加内容的观赏性，减少一屏内显示内容的数量，如图 4－2－5 所示。

比如，在分类列表中，可以只使用线框和文字把大量内容浓缩到一屏以内，但实际浏览效率并不会增加，而且并不美观。

装饰性的图标设计，没有明确地规范该怎么做，效果好即可，但最常见的类型有以下四种。

①扁平风格的装饰图标，通常可以理解成是用扁平插画的方式画出来的图标，除了继承扁平的纯色填充特性以外，也比普通图标具有更丰富的细节与趣味性，如图 4－2－6 所示。

图 4－2－5　装饰图标

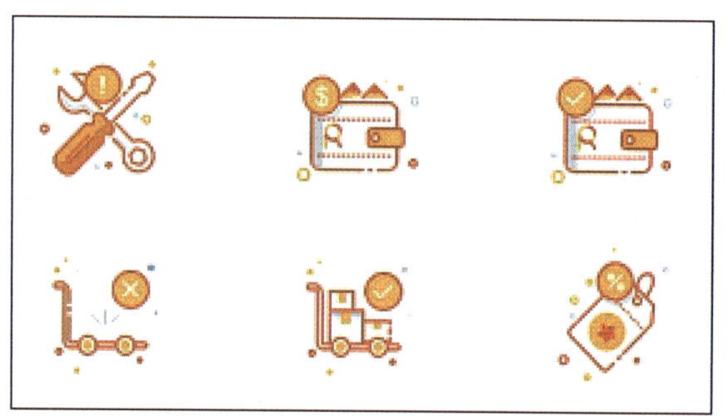

图 4－2－6　扁平图标

②拟物风格的图标，现在出现的频率越来越高，集中在大型的运营活动中，通常这些活动会通过拟物的方式将头部设计成有故事性的场景，所以相关图标使用拟物的设计形式会更贴合，如图 4－2－7 所示。

图 4－2－7　拟物图标

③2. 5D 风格的图标，是一种偏卡通、像素画风格的扁平设计类型，在一些非必要的设计环境中，使用 2. 5D 比较容易搭配主流的界面设计风格，有更强的趣味性和层次感，如图 4－2－8 所示。

④实物风格的图标，采用了真实摄影物体的设计风格。这种图标在电商领域出现的频率非常高，如图 4－2－9 所示。

图 4－2－8　2.5D 图标

图 4－2－9　实物图标

3. 启动图标

启动图标即在电脑桌面或手机桌面看到的各类软件或 App 的入口图标。它实际上就是把“LOGO 嵌进系统图标模板”的图标，常见形式有以下几种。

①文字形式，以文字作为图标主体物的类型，通常这类应用本身的品牌 LOGO 就使用了文字，所以这里就把字体照搬过来，如图 4－2－10 所示。

图 4－2－10　文字形式启动图标

②图标形式，指对于一些偏工具类 App，适合使用简单图形传达应用功能的启动图标，就会采取使用图标形式的方式设计，如图 4－2－11 所示。

图 4－2－11　图标形式启动图标

③插画形式，对于一些比较纯粹的应用，如读本、漫画、幼儿类应用，就热衷于采用卡通形象作为图标的主体进行设计，如图 4－2－12 所示。

图 4－2－12　插画形式启动图标

④拟物形式，很多应用的启动图标是通过拟物的方式设计的。因为对于这些应用来说，拟物设计所传递的信息往往更直观和准确，如图 4－2－13 所示。

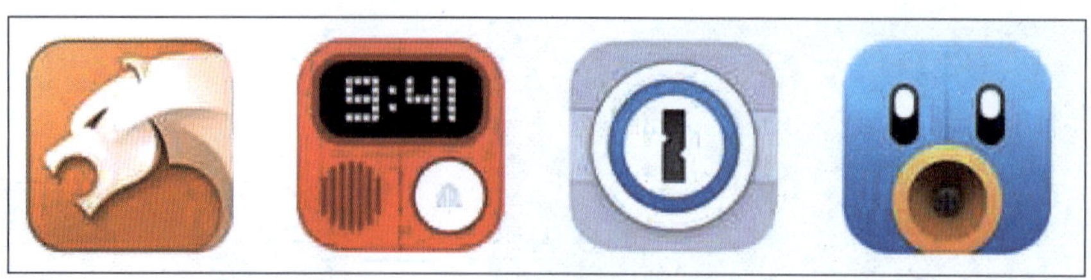

图 4－2－13　拟物形式启动图标

以上介绍的三种图标是 UI 行业设计图标的具体内容。虽然图标看起来简单，但可以打开思路，结合企业或软件特点制作出多种更符合企业需求的图标，可以吸收每年的流行元素配合创新创意，积极进行尝试。

小贴士

党的二十大报告中指出，坚持百花齐放、百家争鸣，坚持创造性转化、创新性发展，以社会主义核心价值观为引领，发展社会主义先进文化，弘扬革命文化，传承中华优秀传统文化。

带有民族文化特色的图标设计除了是艺术文化的体现之外，更是不同的民族文化的交流和共享，如图 4－2－14 所示。民族文化在图标设计上不仅要对图形进行整理和创新，更是要重视本土文化和民族精神的发扬。其中，可以选择民族建筑、民族文字或民族图腾来作为图标设计元素。民族建筑造型具有鲜明强烈的民族特征，把具有现代气息的标志设计与具有传统民族特色的建筑图案有机结合起来，给予图标永久的生命力。不同的民族也会有不同的文字或字体，在图标设计中融入民族文字，更能增加图标的独特性与识别性，是一种协调的符号美，线条的流畅产生字体的节奏与律动，完美地体现了语言字体的生动。“图腾”是人类最早的民族标志与象征，在图标设计中作为富有象征意义的符号，已成为设计师们极其重视和经常运用的方法与手段。这些图标设计，无不体现出图腾意识在现代图标设计中的作用，其中包含了民族特有的文化，也包含了现代设计的观念和创新。

图 4－2－14　中国风图标

本次任务

本次任务的内容是完成一个 UI 界面中的 App 入口图标，如图 4－2－15 所示。

图 4－2－15　入口图标

任务详情

（1）新建画布，大小为 1 024 像素 ×1 024 像素，背景色为白色，如图 4－2－16 所示。

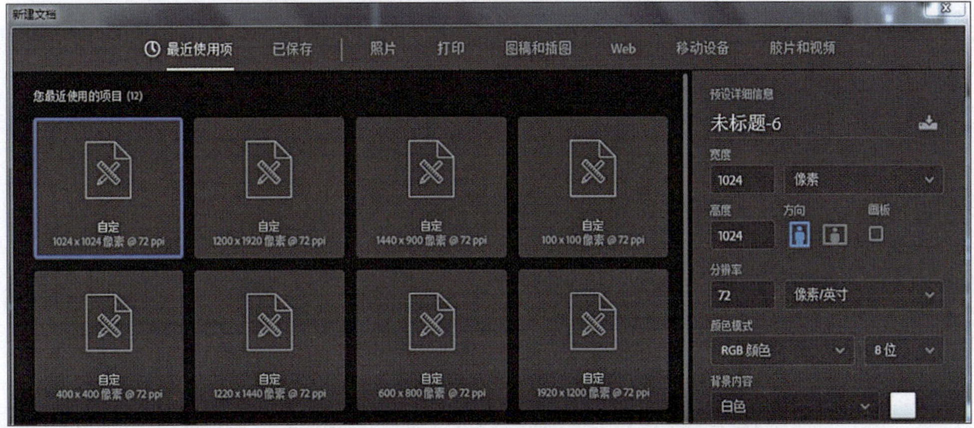

图 4－2－16　新建画布

（2）在画布内添加一个圆角矩形，大小为 1 000 像素 ×1 000 像素，修改颜色，将其放在画布的中心，如图 4－2－17 所示。

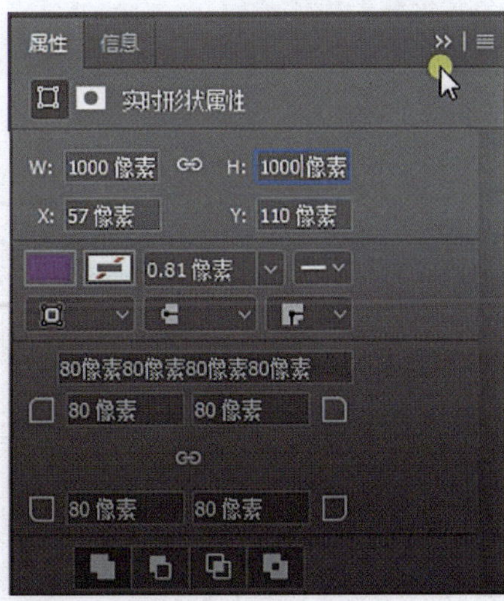

图 4－2－17　图标背景图层创建

（3）选择圆角矩形图层，右击，选择“变形”。单击顶部菜单“变形”→“膨胀”选项，修改“弯曲”系数为6%，可以看到该圆角矩形基本把画布填满，这样图标就有了背景，如图4－2－18所示。

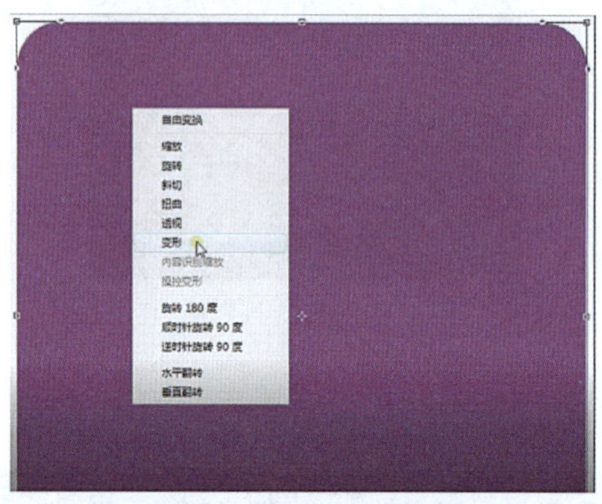

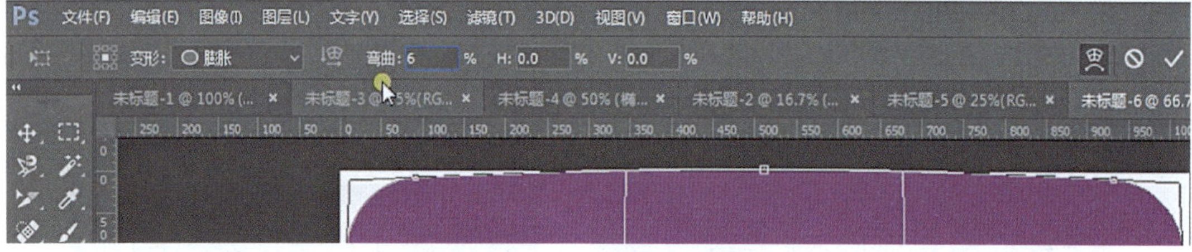

图4－2－18　圆角矩形调整

（4）在画布中添加矩形，最终会形成齿轮的齿，颜色和大小如图4－2－19所示。

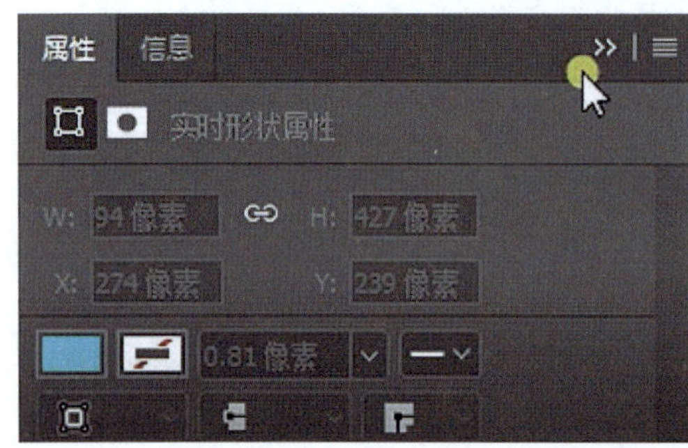

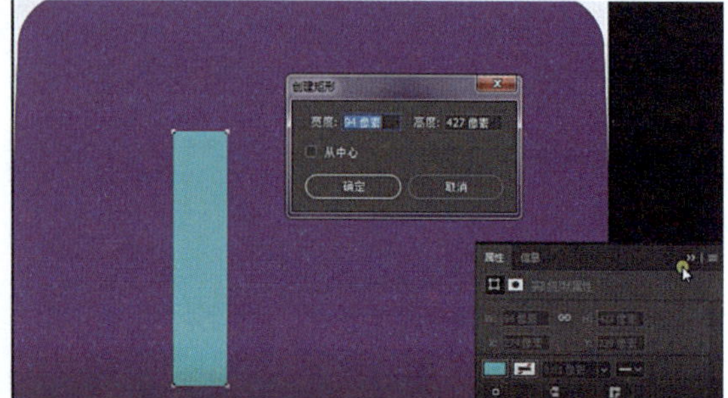

图4－2－19　齿轮单齿矩形创建

（5）选择“矩形 1”图层，复制一个新的图层。选择新复制的图层，使用 Ctrl + T 组合键将图层旋转 45 度，如图 4 – 2 – 20 所示。

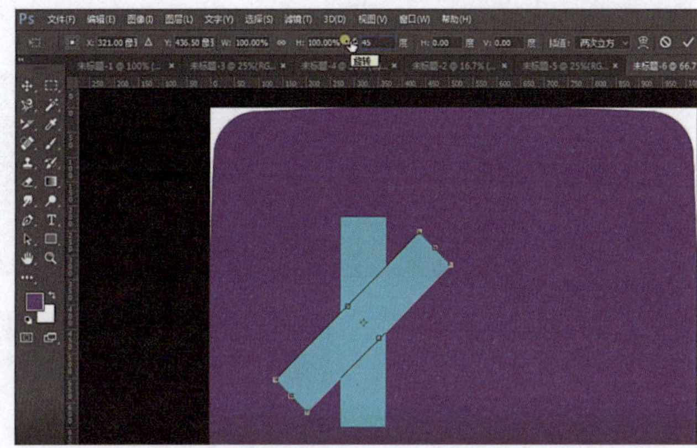

图 4 – 2 – 20　复制并旋转图层

（6）选择“矩形 1 拷贝”图层，使用 Ctrl + Alt + Shift + T 组合键重复两次，得到两个新的矩形图层，并且每个都旋转 45 度，如图 4 – 2 – 21 所示。

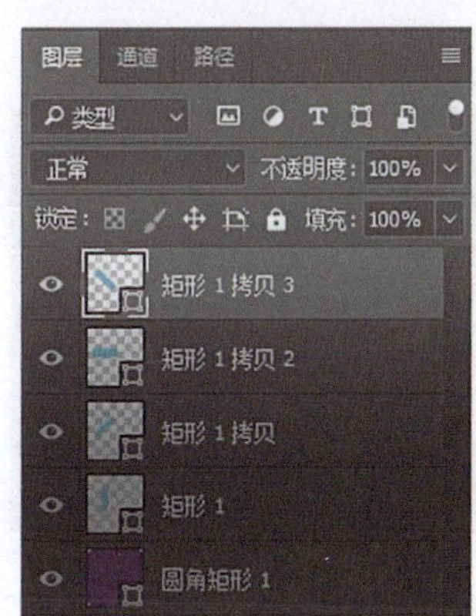

图 4 – 2 – 21　矩形复制旋转

（7）在所有矩形图层上添加椭圆图层、画布，并将所有矩形中心对齐，结果如图 4 – 2 – 22 所示。

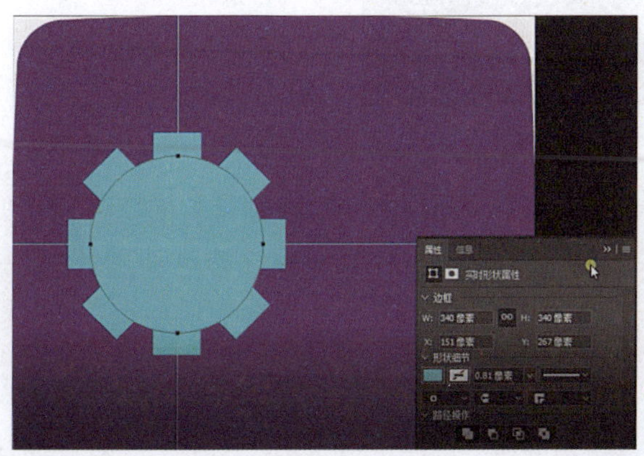

图 4 – 2 – 22　椭圆添加结果

（8）单击“形状”菜单右边的新建图层类型图标，如图 4－2－23 所示，选择下拉菜单里的“合并形状组件”选项，弹出提示框，单击“是”按钮，这样之后绘制的形状和之前绘制的形状就可以合并在一起了。

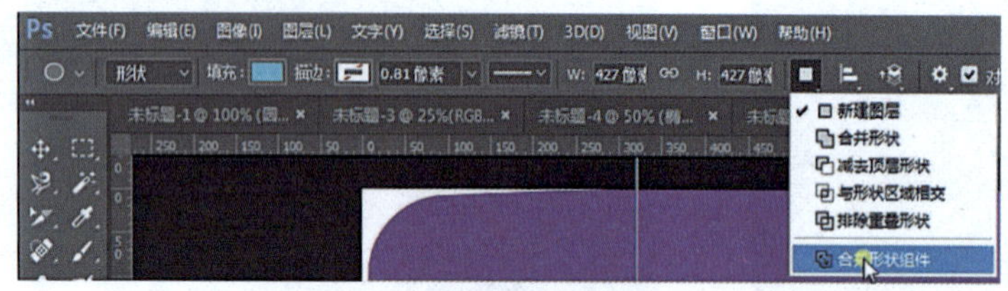

图 4－2－23　新建形状类型修改

（9）在椭圆图层上，再分别创建从大到小，颜色有对比度的三个新椭圆图层，如图 4－2－24 所示，完成齿轮主体。

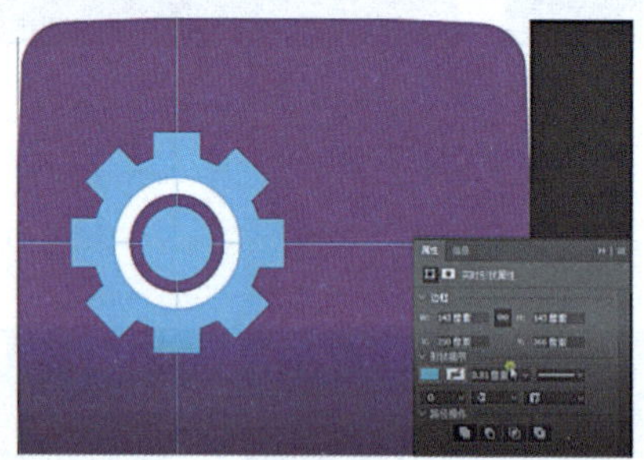

图 4－2－24　齿轮主体

（10）将之前所绘制的齿轮主体的所有图层放在“组 1”里，方便进行图层管理。为突出立体感，双击齿轮组，添加图层样式，勾选“投影”样式，属性修改如图 4－2－25 所示。

（11）复制“组 1”群组，得到新的齿轮，修改新齿轮的图层颜色，与第一个齿轮颜色有所区分。结果如图 4－2－26 所示。

（12）在“组 1”里新建图层，放在群组里的所有图层下边，用“钢笔”工具在新建图

层里绘制如图 4－2－27 所示的梯形区域，之后要通过它形成齿轮阴影。

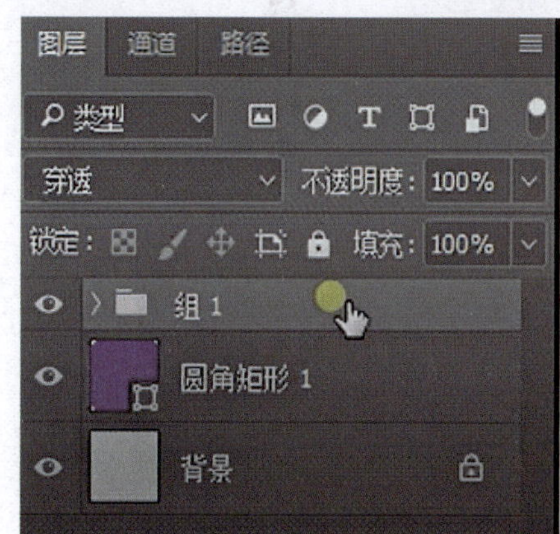

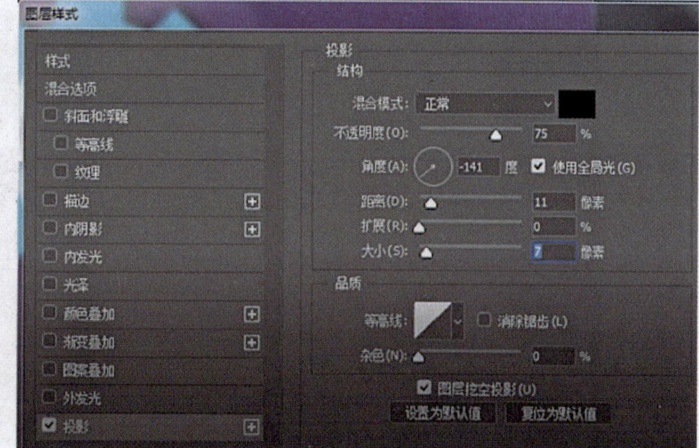

图 4－2－25　齿轮结组

图 4－2－26　齿轮复制修改

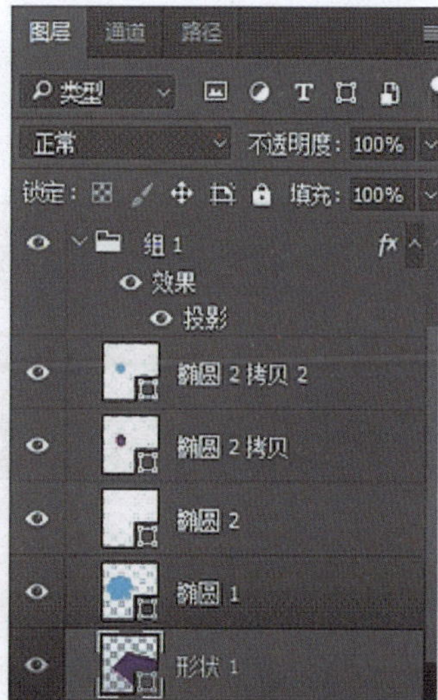

图 4－2－27　绘制阴影区域

(13) 选择“形状 1”的自绘制图形，选择“渐变”工具，调整渐变色，在“图形 1”里拖动鼠标，形成如图 4-2-28 所示的黑色由深到浅的渐变色。

图 4-2-28 渐变添加

(14) 选择“形状 1”图层，调整图层不透明度，让阴影从黑色到完全透明，如图 4-2-29 所示。

(15) 调整“组 1”和“组 1 拷贝”的位置，可以进行旋转和对齐操作，得到最终的结果，如图 4-2-30 所示。

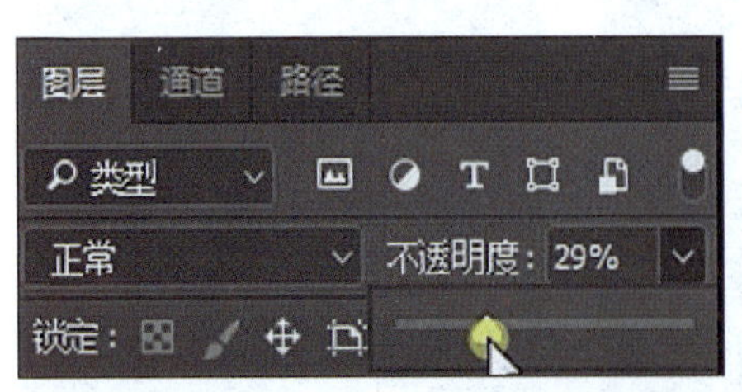

图 4-2-29 不透明度调整

图 4-2-30 设置图标最终结果

通过本案例，可以看到大部分图标都是通过线性、面性、线面结合，再结合透明度、渐变、颜色叠加、质感、多维空间的表达方式而设计出来的。可以结合自己的创新创意，做出自己心仪的各类图标。

任务4－3 App界面UI设计

任务工单

<table>
<tr><td>任务名称</td><td colspan="5">App 界面 UI 设计</td></tr>
<tr><td>组别</td><td></td><td>成员</td><td></td><td>小组成绩</td><td></td></tr>
<tr><td>学生姓名</td><td colspan="3"></td><td>个人成绩</td><td></td></tr>
<tr><td>任务情境</td><td colspan="5">按照客户要求完成某 App 界面 UI 设计。现请你以设计人员的身份帮助工作人员完成界面设计的全部过程，包括设计理念、设计思路、设计方法、设计结果。</td></tr>
<tr><td>任务目标</td><td colspan="5">结合 App 需求，完成符合企业要求的界面设计。</td></tr>
<tr><td>任务实施</td><td colspan="5">1. App 界面设计需求。
2. App 界面设计特点。
3. 通过 Photoshop 软件完成设计。</td></tr>
<tr><td>实施总结</td><td colspan="5"></td></tr>
<tr><td>小组评价</td><td colspan="5"></td></tr>
<tr><td>任务点评</td><td colspan="5"></td></tr>
</table>

前导知识

一、App 界面设计概述

随着时代与技术的进步，人们对信息的需求越来越大，对移动性的要求也就越高。所以，手机 App 的快速发展是必然的结果，同时，应运而生的还有很多 App 商店，手机的终端用户在众多的应用中，最终会选择界面（UI）设计合理、视觉效果良好、具有良好体验的应用留在自己的手机上长期使用。

由于 iPhone、小米、华为等智能手机的广泛普及，手机 App 这个词语开始频繁出现在广大手机网民的视线中。App 是英文 Application 的简称，是指智能手机的第三方应用程序，统称“移动应用”，也称“手机客户端”。目前市场上的 App 种类众多种，包括通信类、游戏类、娱乐类、社交类、实用生活类等。

手机 UI 设计一直被业界称为产品的“脸面”，好的 UI 设计不仅能让手机变得有个性、有品位，还能让手机的操作变得舒适、简单、自由，充分体现手机的定位和特点。一款设计合理的界面能够使用户轻松完成各种操作，如果一款手机界面中的功能安排不合理，给用户带来畏惧感，那么它就是失败的。总体来讲，应该遵循执行效率高、易学习和易使用的原则来设计手机界面。

常见的手机 UI 设计技巧有：

（1）界面效果讲究整体性和一致性。手机软件运行基于操作系统的软件环境，界面设计基于这个应用平台的整体风格，这样有利于产品外观的整合。软件界面的总体色彩应该接近和类似系统界面的总体色调。一款外观与系统界面不统一的手机，会给用户带来不适感。手机用户的操作习惯是基于系统的，所以在界面设计的操作流程上，也要遵循系统的规范性，能够做到只要用户会使用手机，就会使用 App，简化用户操作流程。

（2）界面效果的个性化。设计时，除了要注意界面的整体性和一致性外，还要着重突出 App UI 的个性化。整体性和一致性是基于手机系统视觉效果的和谐统一考虑的，个性化是基于软件本身的特征和用途考虑的。

（3）特有的界面构架。软件的实用性是软件应用的根本。在设计界面时，应该结合软件的应用范畴合理地安排版式，以求达到美观适用的目的。这一点不一定能与系统达成一致的标准，但它应该有它的行业标准。界面构架的功能操作区、内容显示区、导航控制区都应该统一范畴，不同功能模块的相同操作区域的元素风格应该一致，使用户能迅速掌握对不同模块的操作，从而使整个界面统一在一个特有的整体之中。

（4）专有的界面设计。软件的图标按键是基于自身应用的命令集，它的每一个图形内容映射的是一个目标动作，因此，作为体现目标动作的图标，它应该有强烈的表意性。制作过程中选择具有典型行业特征的图符，有助于用户识别，方便操作。图标的图形制作不能太烦琐，要适应手机显示面积，在制作上应尽量使用素图，确保图形清晰。如果针对立体化的界面，可考虑部分像素羽化，以增强图标的层次感。

（5）图形图像元素的质量。尽量使用较少颜色表现色彩丰富的图形图像，即确保数据量小的同时，图形图像的效果要完好，提高程序的工作效率。界面上的线条与色块后期都会用程序来实现，这就需要考虑程序部分和图像部分的结合。自然结合才能协调界面效果的整体感，因此需要程序开发人员与界面设计人员密切沟通，达成一致。

二、App 界面设计的基本流程

（1）研究用户和业务需求：了解 App 的目标用户和需求，分析竞争对手 App 和市场趋势，确定 App 的设计方向和目标。

（2）制订草图和线框图：根据需求分析和设计方向，制订草图和线框图，梳理 App 的界面结构、内容布局和功能，如图 4－3－1 所示。

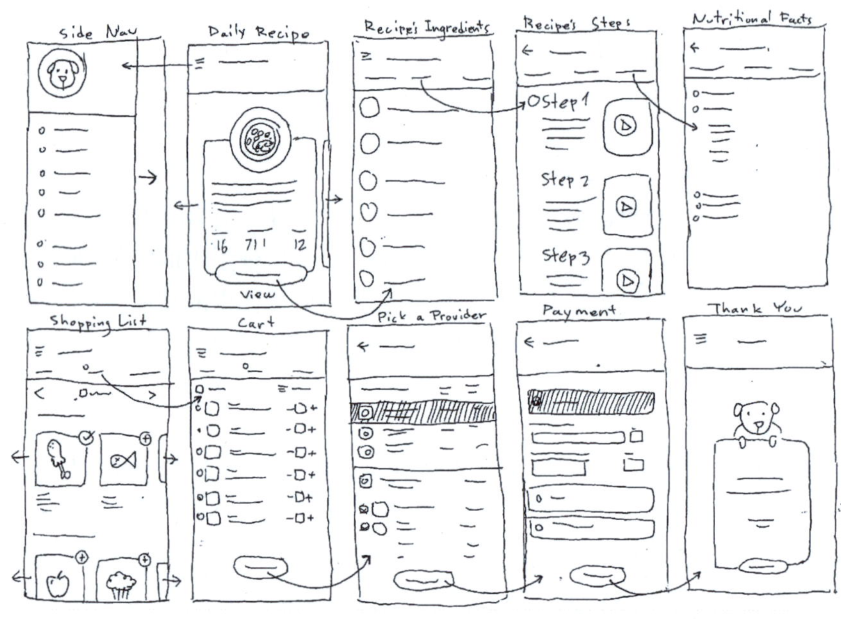

图 4－3－1　App UI 草图

（3）设计 UI 界面：根据线框图，完成 UI 界面设计，包括颜色、字体、图片、图标、按钮等元素设计，确保界面简洁易懂，符合用户习惯。

（4）实现 UI 设计：将 UI 设计图转换为前端实现，使用 HTML、CSS、JavaScript 等技术将 UI 设计转换为可交互的 App 界面。

（5）测试和评估：进行多次测试和评估，检查 App 是否实现了设计目标，优化 App 的 UI 设计和用户体验。

（6）发布 App：完成 App 设计和开发，将其发布到 App 市场上，让用户下载和使用。

以上流程是 App 界面设计的基本流程，其中涵盖了多个方面的内容和技能，如用户调研、设计思维、创造性、前端技术、用户体验等。在实际操作中，设计师还可以基于项目的特点和要求，适当调整流程以适应不同的设计需求。

任务实施

本次任务的内容是完成一个 App 的界面设计，如图 4－3－2 所示。企业在设计 App 之前，需要设计公司完成界面设计，通过界面设计结果，能看到 App 的功能划分以及成品效果，下面通过两个界面来说明完成某企业 App 部分界面的过程。

图 4-3-2 App 界面设计效果

（1）拖动鼠标画一个圆角矩形，调整大小、填充颜色，去掉边框颜色，修改圆角半径，如图 4-3-3 所示。

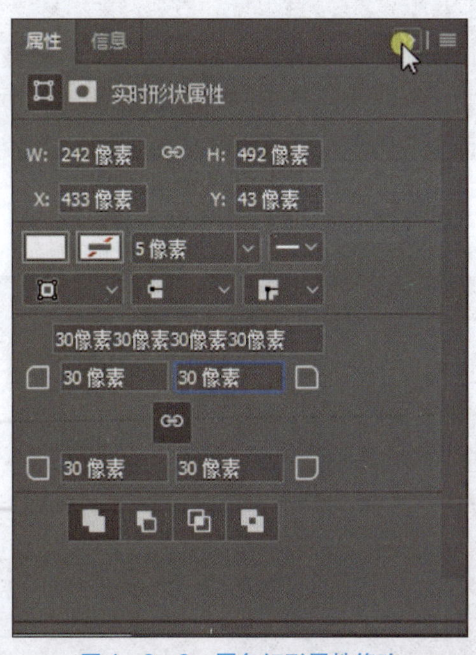

图 4-3-3 圆角矩形属性修改

（2）选择该图层，添加“渐变叠加”图层样式，如图 4-3-4 所示。

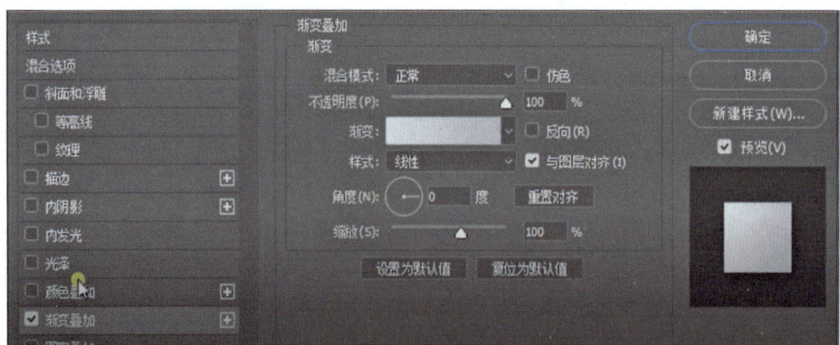

图 4－3－4　渐变叠加参数设置

单击“渐变”色条，调整其颜色为金属色，渐变色块左侧颜色如图 4－3－5 所示，右侧颜色如图 4－3－6 所示。

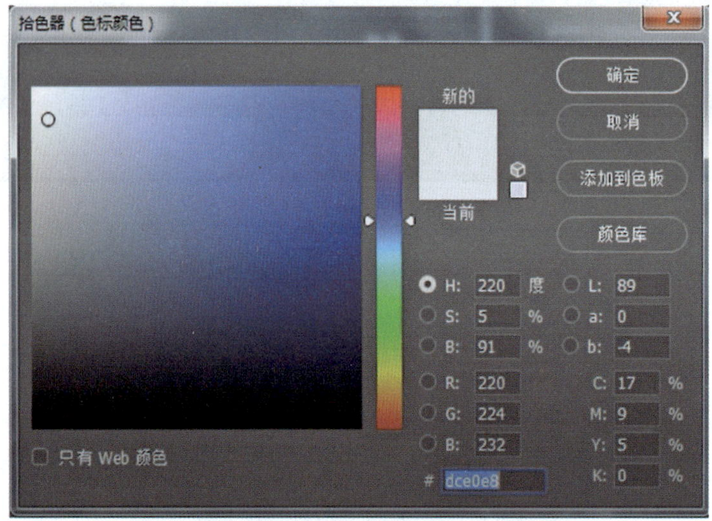

图 4－3－5　左侧色块

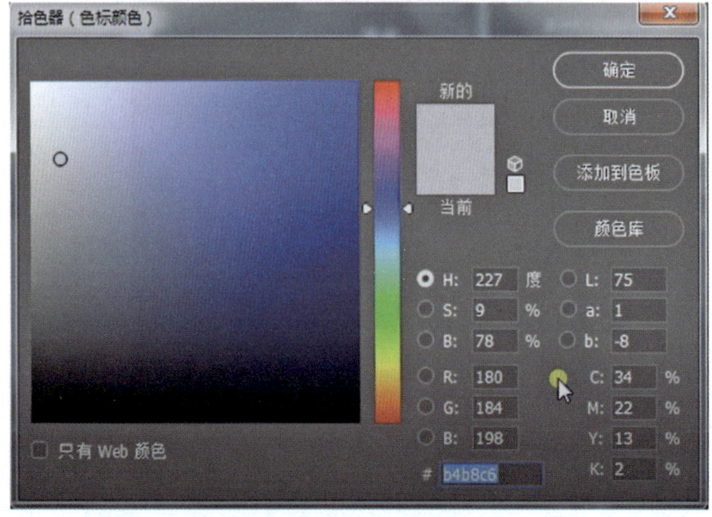

图 4－3－6　右侧色块

(3) 选择该图层，添加“投影”图层样式，参数设计如图 4－3－7 所示。

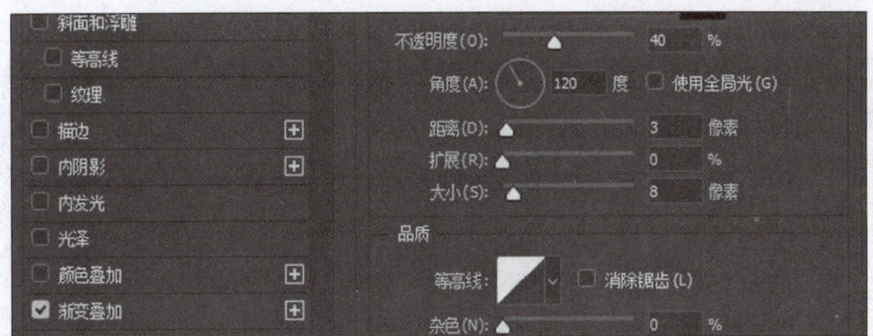

图 4－3－7　投影图层样式参数调整

(4) 在背景上层绘制新的矩形，作为手机屏幕区域，如图 4－3－8 所示，矩形参数如图 4－3－9 所示。

图 4－3－8　手机屏幕矩形

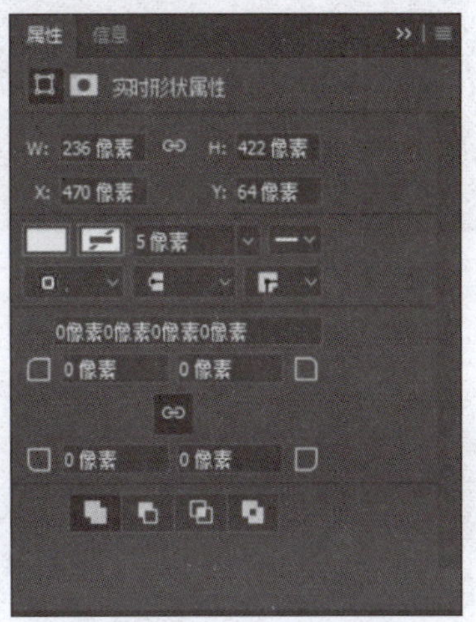

图 4－3－9　矩形参数调整

选择该图层，增加“渐变叠加”图层样式，具体参数如图 4－3－10 所示。

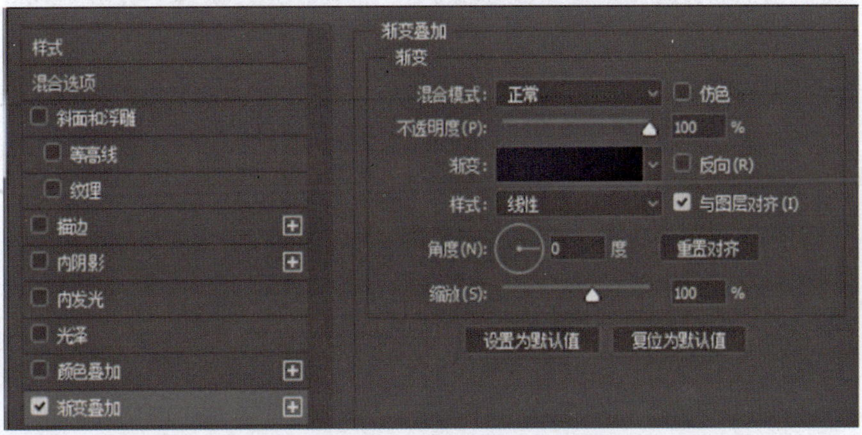

图 4－3－10　渐变叠加样式调整

调整其颜色为深色屏幕色，渐变色块左侧颜色如图 4 –3 –11 所示，右侧颜色如图 4 –3 –12 所示。

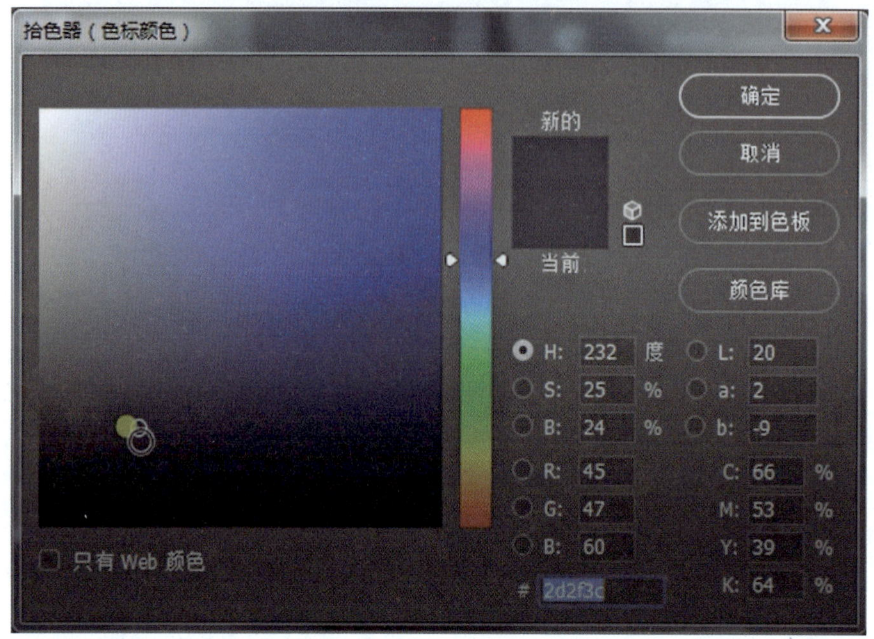

图 4 –3 –11　左侧色块调整

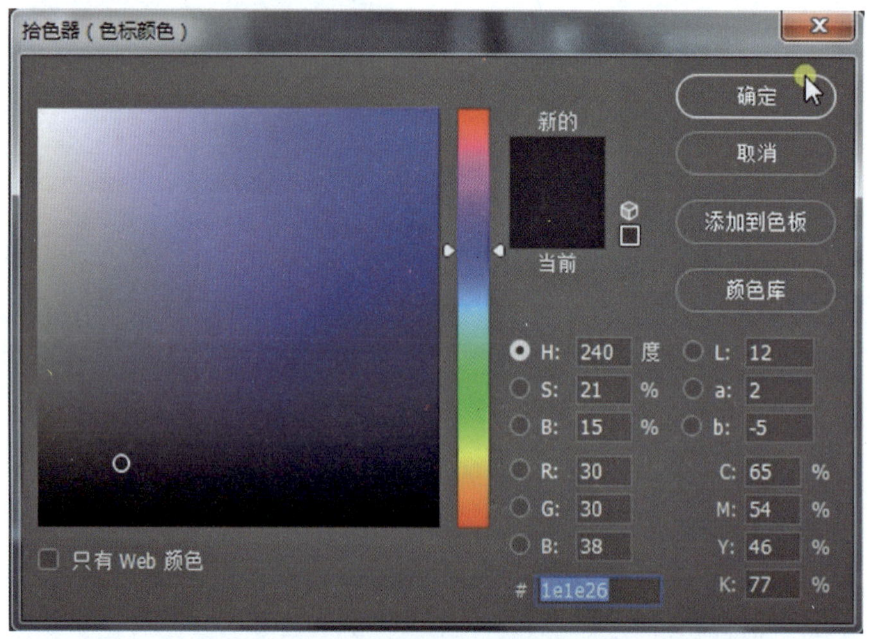

图 4 –3 –12　右侧色块调整

（5）复制屏幕图层，修改矩形颜色及大小，如图 4 –3 –13 所示。

图 4－3－13　矩形颜色调整

装饰矩形图层调整后，如图 4－3－14 所示。

(6) 在屏幕上方增加各类装饰文字及小图标，如图 4－3－15 所示，颜色为白色。

图 4－3－14　装饰矩形

图 4－3－15　手机顶部图标

(7) 制作头像部分，选择椭圆工具，绘制椭圆，参数如图 4－3－16 所示。

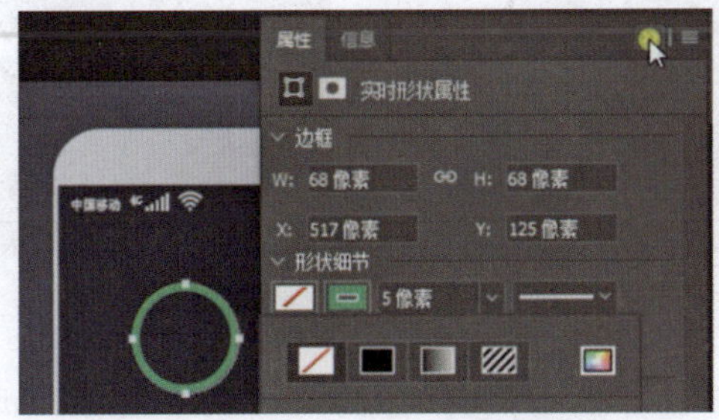

图 4－3－16　绘制椭圆

在装饰椭圆内画圆形，作为头像背景，如图 4 - 3 - 17 所示。

图 4 - 3 - 17　头像背景

将头像拖进图层，调整大小和位置，放在白色圆形内，头像图层位置在白色圆形图层上方，如图 4 - 3 - 18 所示。

图 4 - 3 - 18　头像图层调整

选择头像图层，右击，在弹出的菜单中，选择“创建剪贴蒙版”，得到头像最终结果，如图 4 - 3 - 19 所示。

图 4 - 3 - 19　头像调整后

（8）添加头像下的文字及图标等内容，完成基本内容搭建，如图 4 - 3 - 20 所示。

(9) 为页面添加高光。选择“矩形”工具，在页面上部添加矩形，如图 4-3-21 所示。

图 4-3-20 App 页面内容

图 4-3-21 高光矩形

使用“直接选取”工具，选择矩形右下角端点，按 Delete 键，删除该端点，如图 4-3-22 所示。

图 4-3-22 高光三角形

调整该图层不透明度为5%，并将多余部分清除，结果如图4-3-23所示。

图4-3-23　页面高光最终效果

（10）添加麦克效果。选择“圆角矩形”工具，在页面底部添加矩形，如图4-3-24所示。

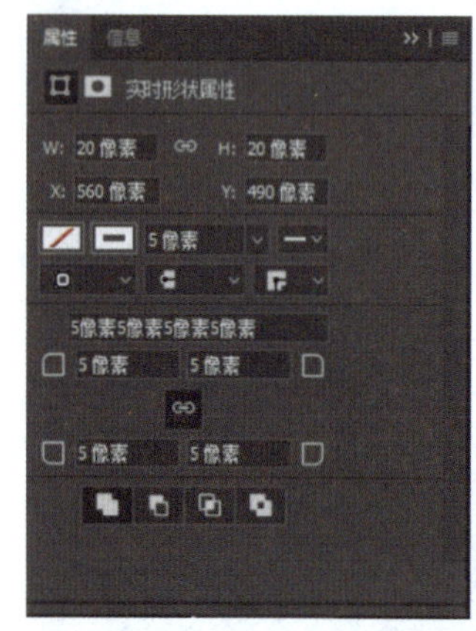

图4-3-24　麦克效果

（11）添加听筒和摄像头效果。选择“圆角矩形”工具，在页面顶部添加矩形，如图4-3-25所示。

选择该图层，添加“斜面和浮雕”以及“渐变叠加”图层样式，如图4-3-26和图4-3-27所示。

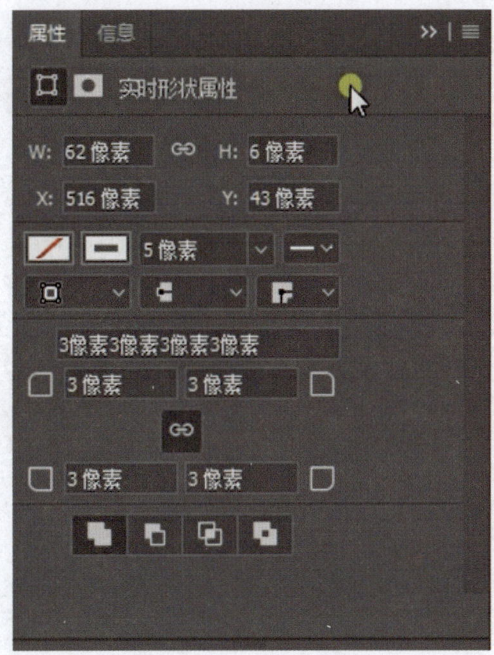

图 4-3-25 听筒圆角矩形

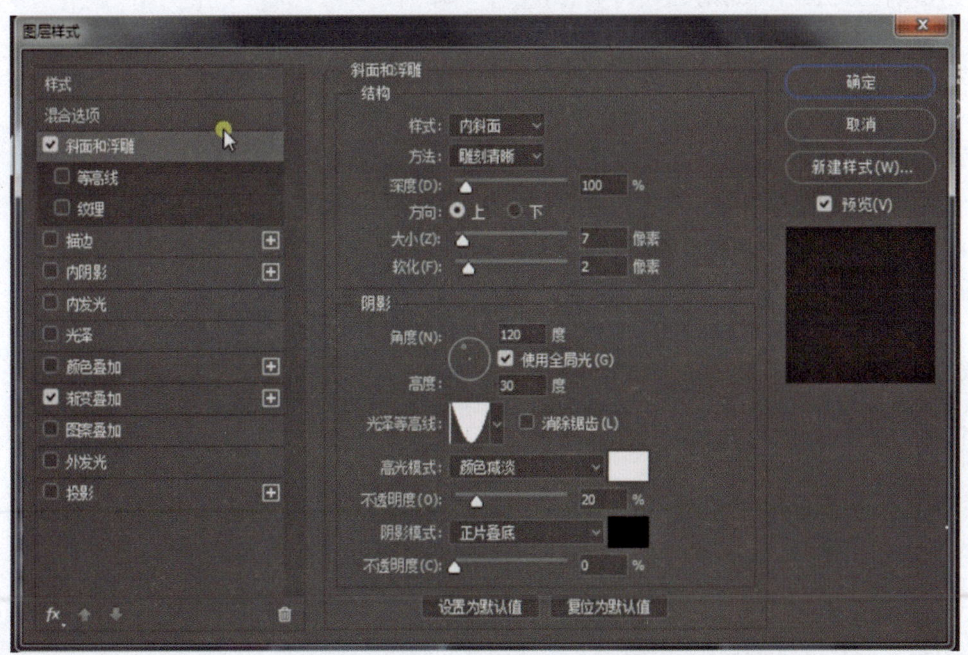

图 4-3-26 斜面和浮雕样式调整

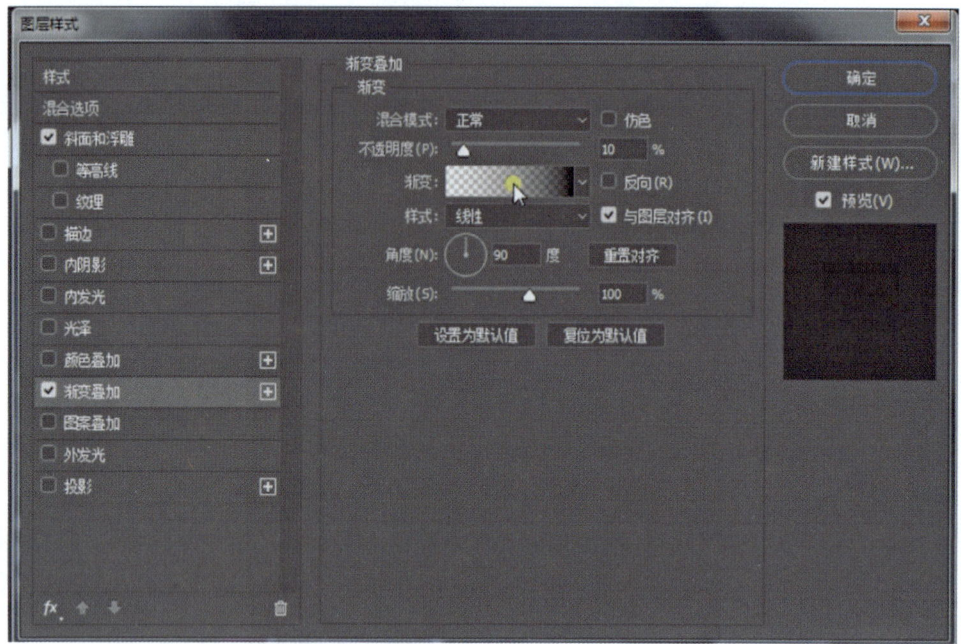

图 4－3－27　渐变叠加样式调整

使用同样方法制作摄像头效果，如图 4－3－28 所示。

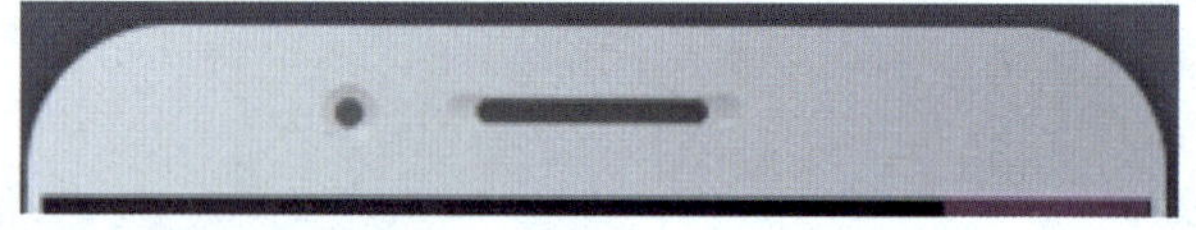

图 4－3－28　顶部效果

项目五　网页设计

任务5－1 网页色彩定位及布局规划设计

任务工单

<table>
<tr><td>任务名称</td><td colspan="5">网页色彩定位及布局规划设计</td></tr>
<tr><td>组别</td><td></td><td>成员</td><td></td><td>小组成绩</td><td></td></tr>
<tr><td>学生姓名</td><td colspan="3"></td><td>个人成绩</td><td></td></tr>
<tr><td>任务情境</td><td colspan="5">请你以设计人员的身份，按照客户需求，为一家科技公司设计公司网站首页的色彩定位和布局规划。</td></tr>
<tr><td>任务目标</td><td colspan="5">按照具体要求，为一家科技公司的官网首页的色彩和界面布局做规划。</td></tr>
<tr><td>任务实施</td><td colspan="5">1. 企业背景调研及客户需求分析。
2. 企业色彩风格定位。
3. 企业网站布局规划。</td></tr>
<tr><td>实施总结</td><td colspan="5"></td></tr>
<tr><td>小组评价</td><td colspan="5"></td></tr>
<tr><td>任务点评</td><td colspan="5"></td></tr>
</table>

前导知识

一、常见的网站色彩设计技巧

1. 色彩鲜明性

一个网站的色彩如果足够鲜明，就能够快速吸引用户的注意力，这对于网站的品牌形象传达至关重要。

2. 色彩和配色

正确的配色方案可以有效地传达网站的品牌形象和情感氛围。合理运用色彩还可以提高用户的参与度和满意度。

3. 色彩选择

在色彩的选择上，设计师需要考虑到色相、明度、纯度、色调及色性等多个要素，通过色彩对比调节，使网页的视觉效果和谐且具有吸引力。

4. 色彩搭配

很多设计师在色彩搭配上可能会遇到困难，如果不知道怎么选定色板、不能够调和搭配或配色单调死板，就不能给人眼前一亮的感觉。这需要设计师有丰富的经验和良好的审美能力。

二、常见的网站排版构图技巧

1. 页面布局合理

良好的页面布局可以使网页看起来舒适、美观，同时也影响用户的浏览体验。布局应该有助于内容的清晰展示和用户操作的便捷性。

2. 注意构图原则

在布局设计中，可能会出现太多的条条框框，导致页面显得杂乱无章。设计师需要在保持布局清晰的同时，避免过度简化而失去必要的功能和美感。

小贴士

个人对颜色的感知可能会因文化、经验和个人偏好而有所不同，因此，色彩的使用应考虑目标受众的特点。

色彩风格不是一成不变的，它应该随着品牌发展和市场变化而适时调整。

本次任务

本次任务的内容利用色彩心理学和布局原则为一家科技公司的官方网站进行色彩风格定位和界面布局分析。

一、色彩风格定位

色彩风格定位是一个系统的过程，涉及对品牌理念、目标受众以及市场趋势的深入理解。

（一）色彩风格定位的意义

1. 理解品牌核心

需要深入理解品牌的核心价值和理念，这包括品牌的文化、愿景以及它想要传达的情感和信息，这将是色彩风格定位的基础。

2. 分析目标受众

了解目标受众的偏好和心理特点，不同的群体可能对色彩有不同的情感反应和文化联想。例如，年轻人可能更喜欢鲜艳和有活力的色彩，而成熟的受众可能更倾向于低调和优雅的色调。

3. 考虑市场趋势

研究当前的设计趋势和流行色，虽然不是所有流行元素都适合每个品牌，但了解它们可以帮助你的色彩定位更加符合市场的期待。

4. 利用色彩情感

利用色彩自身的情感取向，暖色调如红色、橙色和黄色通常与活力、热情、幸福感相关联，而冷色调则给人一种宁静和专业的感觉。

（二）色彩心理学的意义

色彩心理学分析了不同颜色对人的心理和情绪的影响，每种颜色都有其独特的意义和作用。

（1）红色通常与能量、激情、危险、力量相关联。它可以引起人的注意，刺激心跳加速，是一种非常强烈的颜色。在商业中，红色常用于促销和紧急情况，以激发消费者的购买欲望。

（2）橙色结合了红色的活力和黄色的快乐，它代表着创造力、冒险和热情。橙色可以鼓舞人心，给人一种温暖和亲切的感觉。

（3）黄色是阳光的颜色，象征着快乐、乐观和希望。它能提振人的精神，但过量的黄色可能会引起焦虑和不安。

（4）绿色与自然、平衡、成长、健康有关。它是一种令人放松的颜色，可以帮助缓解压力和疲劳。绿色也常用于表示环保和可持续性。

（5）蓝色是一种冷静和专业的颜色，它与稳定、信任、智慧相关。蓝色的环境可以降低脉搏率和体温，有助于集中注意力。

（6）白色通常与纯洁、清新、简约相关。它是一种很好的背景色，可以提供空间感和开放感。

（7）黑色经常与权力、优雅、正式场合联系在一起。它可以给人一种强烈的感觉，但也可能与悲伤相关联。

（8）灰色是中性色，它代表着平衡、中立、沉稳。灰色可以作为一种背景色，为其他更鲜艳的颜色提供衬托。

色彩心理学揭示了颜色如何影响我们的情绪和行为。了解这些颜色的含义可以帮助我们在设计、营销和个人生活中做出更有意识的选择。

（三）为一家科技公司确定色彩风格定位

根据前期调研得知，该科技公司主要面向年轻用户，提倡环保理念、创新、团结共赢的企业文化，公司主营业务包括网络广告、网络游戏、社交服务等项目，根据色彩心理学，为

该科技公司进行色彩定位时，可以考虑以下方面：

（1）创新与技术感。选择具有现代感和科技感的颜色，如蓝色、灰色、黑色或绿色，这些颜色可以传达出专业、创新和高科技的形象。

（2）稳定与信任。考虑使用稳重的颜色，如深蓝色或深灰色，以传达公司的稳定性和可靠性，这些颜色可以帮助建立客户的信任感。

（3）活力与热情。根据客户分析，该公司希望传达出活力和热情的形象，可以选择一些鲜艳的颜色，如橙色或亮蓝色，这些颜色可以激发员工和客户的积极性，对访问网站的用户也能起到一种很良好的吸引作用。

（4）环保与可持续发展。根据客户提出的提倡绿色环保的公司文化，可以选择绿色作为辅助色调。绿色代表着自然、生态和环保，能够传达出公司的环保意识。

（5）目标受众。该科技公司的目标受众为 20～35 岁年轻人，选择能够引起他们共鸣的颜色很有必要，例如银灰色、棕色系、粉色系等。

（6）可访问性。考虑颜色的可访问性，应确保所有用户都能够轻松地识别和理解所选颜色，避免使用可能引起视觉障碍和用户困扰的颜色组合。

为一家科技公司进行色彩定位时，需要综合考虑该公司的品牌形象、目标受众和行业特点。通过恰当的颜色选择，可以传达出公司的核心价值和理念，同时吸引和留住目标客户。本方案为该科技公司网站首页确定的定位色卡为#99D0D9、#5C9DBA、#4D6782、#726286、#D7AC93、#926851、#3FBEA0、#FDB758，如图 5－1－1 所示。

图 5－1－1　科技公司的色彩定位示意图

二、界面布局分析

（一）网页布局的种类

（1）Z 形布局，人的视线通常会沿着 Z 形的路径浏览网页，从左上角的网站 LOGO 开始，到右上角的导航栏，再到左下角的内容区域，最后到右下角的“执行”按钮或页脚信息。这种布局可以很好地满足网站的基本需求，使用户的浏览路径符合自然习惯。

（2）网格布局，是将网页分割成若干个网格，每个网格可以放置不同的内容或模块。这种布局方式可以让网页看起来更加整齐有序，同时也方便了内容的管理和更新。

（3）单列布局，适用于内容较少的网站，或者是为了强调内容的纵向展示，如长篇文章、产品介绍等。

（4）多列布局，将网页分成多列，适合展示大量信息和分类内容，如新闻网站、博客等。

（5）F 形布局，根据用户浏览网页时的眼动追踪研究，人们往往习惯于按照 F 形的路径查看内容，因此这种布局是为了优化用户的阅读体验而设计的。

(6) 不对称布局，通过使用不同的形状、颜色和排版来吸引用户的注意力，这种布局可以创造出独特的视觉效果。

(7) 杂志布局，模仿传统杂志的版式设计，通常包含多栏、图文混排等特点，适用于视觉冲击力强的网站。

(8) 响应式布局，随着移动设备的普及，响应式布局成为网页设计的标准，它能够确保网页在不同设备上都能提供良好的浏览体验。

(9) 模块化布局，将网页分割成多个模块，每个模块负责展示特定的功能或内容。这种布局方式有助于提高网页的可维护性和扩展性。

选择网页布局时，需要考虑网站的内容需求、目标受众以及所要传达的信息。一个好的网页布局应该能够增强并支持信息的传递效果，同时提供良好的用户体验。在设计网页布局时，还需要考虑如何合理利用空间，使页面不至于显得过于拥挤或空旷。

(二) 为一家科技公司确定合理布局规划设计

(1) 根据前期调研，明确公司希望通过网站实现的目标是扩大企业影响力和客户回访、吸引潜在客户以及提供数据支持。

(2) 设计师需要分析和了解目标受众的需求与偏好。该公司的目标受众访问网站的目的通常为查看最新资讯，使用的设备类型包括台式电脑、平板电脑和手机。

(3) 选择合适的布局类型。根据公司的特点和目标受众，选择合适的网页布局类型。该方案使用网格布局、模块化布局、Z 形布局均可，以展示技术产品的特点和优势。

(4) 突出核心功能与产品。将公司的核心功能、产品或服务放在显眼的位置，确保用户能够快速找到并了解这些信息。

(5) 简洁明了的设计。避免过度装饰或使用复杂的设计元素，保持网页的清晰和简洁，以便用户能够轻松地浏览和理解内容。

(6) 随着移动设备的普及，响应式设计变得至关重要。应确保网页在不同设备上都能提供良好的浏览体验，适应不同屏幕尺寸和分辨率。

(7) 设计直观的导航菜单和搜索功能，帮助用户快速找到所需的信息或产品，通过合理的字体大小、颜色对比和布局结构，建立清晰的视觉层次，引导用户按照优先级浏览网页内容。

小贴士

1. 不断学习和借鉴其他成功的网页设计案例，这些案例往往能提供关于色彩和布局的有效见解。

2. 实际操作中，可以尝试多种配色方案，通过用户反馈来测试和调整，以达到最佳的视觉效果。

3. 保持设计的灵活性和创新性，不断尝试新的色彩组合和布局方式，以保持网站的现代感和吸引力。

任务5-2　企业网站首页设计

任务工单

<table>
<tr><td>任务名称</td><td colspan="5">企业网站首页设计</td></tr>
<tr><td>组别</td><td></td><td>成员</td><td></td><td>小组成绩</td><td></td></tr>
<tr><td>学生姓名</td><td colspan="3"></td><td>个人成绩</td><td></td></tr>
<tr><td>任务情境</td><td colspan="5">请你以设计人员的身份，按照客户需求，为秦东志升科技有限公司设计一个官方网站首页。</td></tr>
<tr><td>任务目标</td><td colspan="5">按照具体要求，设计制作秦东志升科技有限公司的官网首页。</td></tr>
<tr><td>任务实施</td><td colspan="5">1. 企业背景调研及客户需求分析。
2. 草图与概念设计。
3. 创建文档与设置。
4. 设计导航和布局及主要内容区域。
5. 使用 Photoshop 软件完成设计。</td></tr>
<tr><td>实施总结</td><td colspan="5"></td></tr>
<tr><td>小组评价</td><td colspan="5"></td></tr>
<tr><td>任务点评</td><td colspan="5"></td></tr>
</table>

前导知识

一、网站设计概述

网站设计是指创建网站的整体布局、外观、用户界面和功能的过程。一个成功的网站设计不仅需要吸引访问者，还需要提供直观、易用且美观的用户体验。设计师在构建网站时，需要考虑多个方面，包括品牌形象、目标受众、内容架构、视觉美学和技术实现。

首先，网站设计应始终以用户为中心，确保网站易于导航，信息结构清晰，加载速度快，并且在不同的设备和浏览器上都能保持一致的性能。其次，设计应该反映企业的品牌身份，通过色彩、字体、图像和图形等元素来加强品牌印象。

视觉层次是网站设计中的关键因素，它指导用户的注意力，突出显示最重要的信息或行动呼吁。此外，网站的交互设计也至关重要，好的交互设计可以促进用户与网站的顺畅互动，提高转换率。

随着技术的发展，响应式设计已成为网站设计的标准，保证网站能够在各种屏幕尺寸的设备上正常显示。同时，搜索引擎优化也是设计过程中不可忽视的部分，合理的优化策略可以提高网站在搜索引擎中的排名，吸引更多访问者。

总而言之，网站设计是一个综合性的领域，涉及创意、技术、心理学和商业策略。一个优秀的网站设计能够提升品牌形象，增强用户体验，并最终推动企业目标的实现。

二、常见的网页设计技巧

1. 清晰的导航

网站导航是用户体验的基石。一个良好设计的导航系统可以迅速地引导用户找到他们想要的信息。它应该简洁直观，通常位于页面的顶部或侧边，并明确标识各个部分，确保导航一致性，让用户知道他们当前的位置，以及如何返回之前页面或访问其他部分。

2. 响应式设计

随着移动设备的普及，响应式设计变得至关重要。这种设计方法确保网站能够根据用户的设备屏幕尺寸调整布局，提供一致的用户体验。使用流体网格和灵活的图片可以适应不同分辨率的设备。媒体查询是实现响应式设计的技术之一，它允许内容根据特定的屏幕宽度显示不同的样式规则。

3. 视觉层次

视觉层次是通过设计元素的大小、颜色、对比度和排列来引导用户注意力的一种技巧。通过突出显示最关键的信息，可以引导用户的眼睛按照设计师预设的路径浏览网页。这有助于传达信息的重要性，并引导用户进行期望的行为，如阅读特定文本或单击某个按钮。

4. 可读性

网页上的文字需要易于阅读，这意味着需要选择合适的字体大小、字型和颜色对比度。正文通常建议使用无衬线字体，因为它们在屏幕上更易阅读。背景与文字的对比度要足够高，以确保所有用户，包括视力不佳的人，都能舒适地阅读内容。行间距和字间距也应适当，避免文字拥挤，提高整体的阅读体验。

这些技巧在网页设计中非常关键，它们帮助设计师创建出既美观，功能性又强的网页，提升用户体验和满足商业目标。

小贴士

1. 使用网格系统

网格系统可以帮助创建结构化和平衡的布局。它不仅让页面元素有条理，而且提高了整体设计的一致性和专业感。

2. 留白原则

空白不仅仅是空的空间，它可以帮助你的内容“呼吸”，增加可读性，并引导用户关注页面的重要部分。不要害怕留出足够的空间。

本次任务

本次任务的内容是完成秦东志升科技有限公司的官方网站首页设计，如图 5－2－1 所示。

图 5－2－1　企业官方网站首页结果

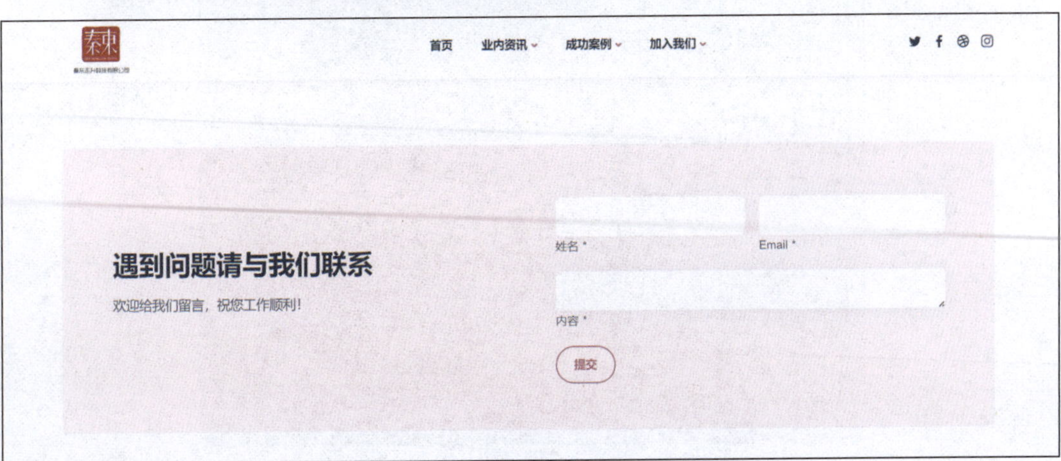

图5-2-1 企业官方网站首页结果（续）

一、企业背景调研及客户需求分析

与客户或项目负责人沟通，以深入了解网站的目标、受众、内容和功能需求。

二、草图与概念设计

在纸上或使用绘图工具绘制网页布局的草图，如图 5 –2 –2 所示，确定页面元素的位置和关系；根据草图，在 Photoshop 中创建初始的设计概念。

三、创建文档与设置

1. 新建画布

打开 Photoshop，选择“文件”→“新建”（Ctrl + N），设置合适的尺寸和分辨率，本次设计使用 1 366 像素 ×768 像素画布，分辨率拟定为 72 ppi，颜色模式选择 RGB。

2. 使用网格

单击“编辑”→“首选项”，使用参考线、网格和切片、参考线来辅助对齐和布局设计，如图 5 –2 –3 所示。

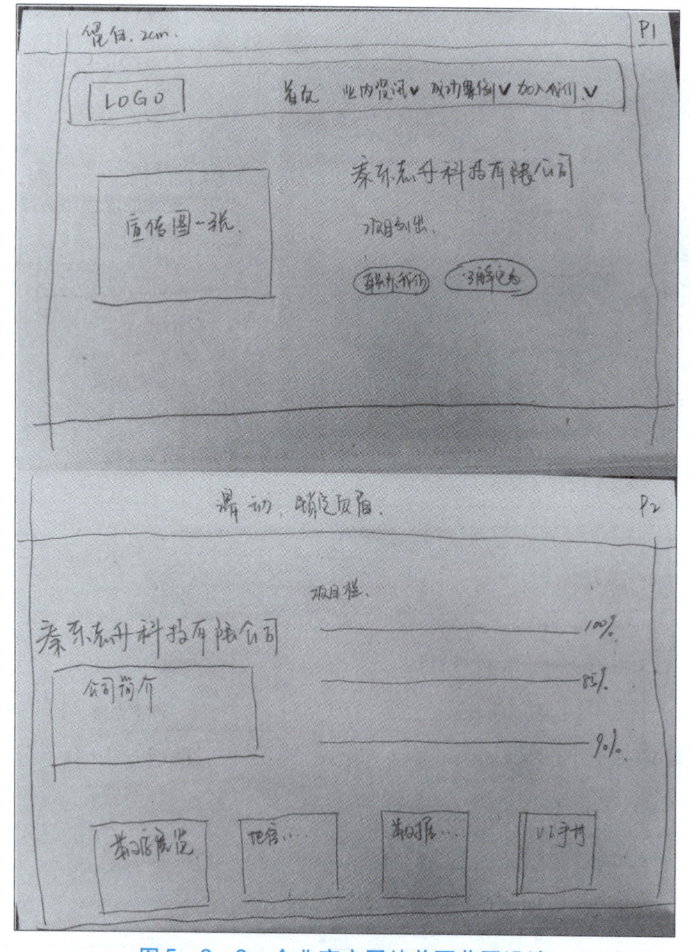

图 5 –2 –2　企业官方网站首页草图设计

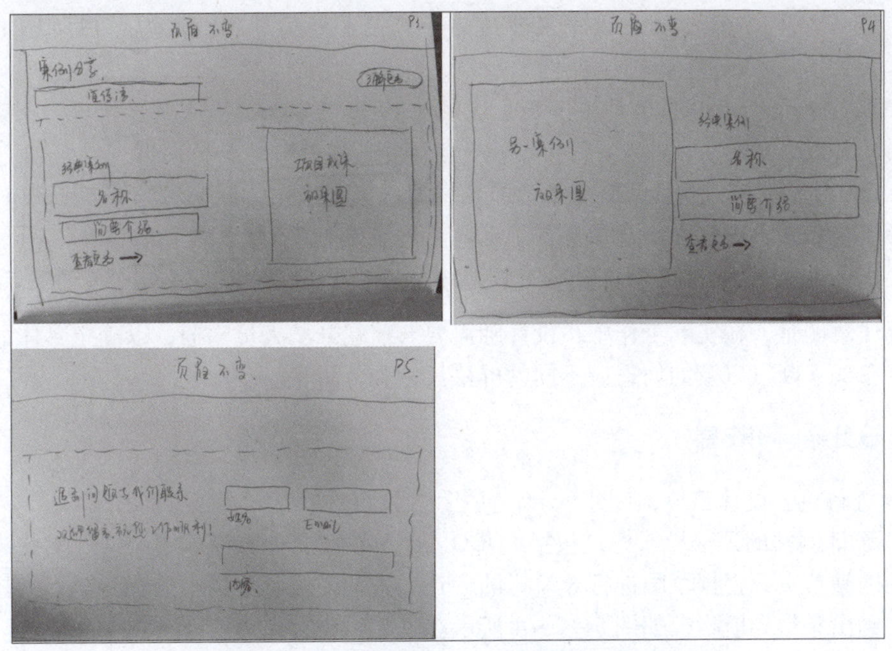

图 5－2－2　企业官方网站首页草图设计（续）

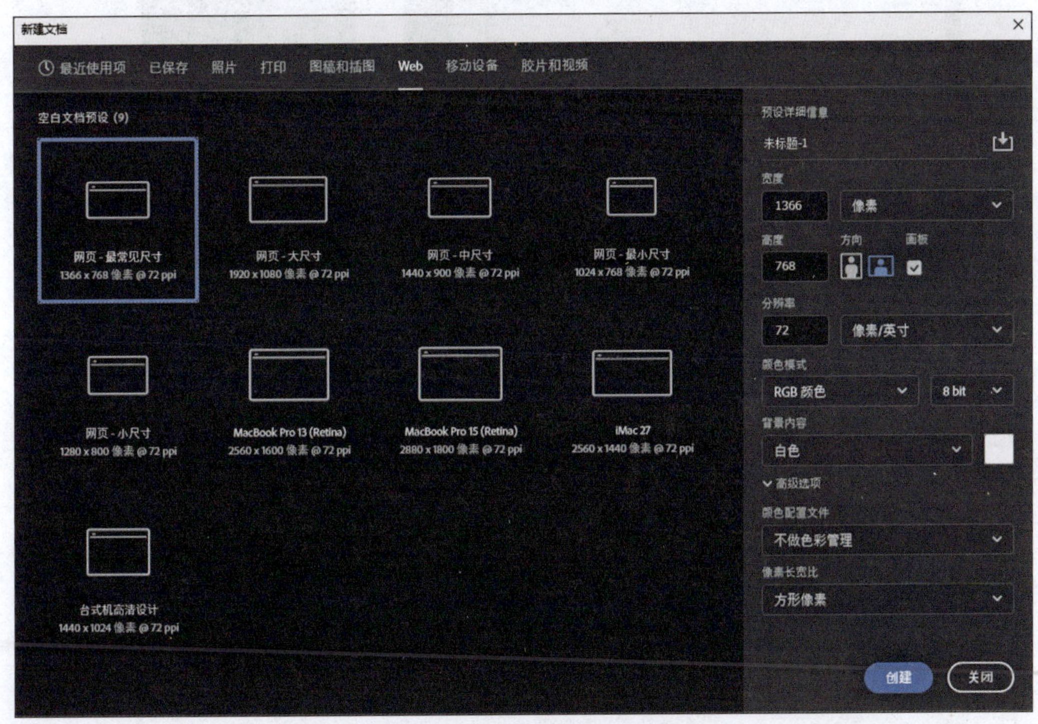

图 5－2－3　创建文档与设置

小贴士

在 Photoshop 中进行网页设计时，画布大小取决于适配的设备和屏幕分辨率。以下是几种常见的网页设计尺寸。

- 1 366 像素 ×768 像素：这个尺寸适用于笔记本电脑屏幕，尤其是 13～15 in① 的笔记本。
- 1 920 像素 ×1 080 像素：这个尺寸适用于 19 in 及以上的台式机显示器，也是许多宽屏显示器的标准分辨率。
- 1 200 像素：宽度为 1 200 像素的布局，这种尺寸在内容区域较窄的页面设计中很常见，有助于确保主要内容在小屏幕设备上也能良好显示。
- 1 024 像素 ×768 像素：这是一个较为传统的尺寸，用于较小或较老旧的显示器。

需要注意的是，在实际工作中，设计师需要与前端开发人员沟通，以确定具体的设计细节，包括布局、断点以及如何适应不同的屏幕尺寸和分辨率。

四、设计导航和布局

（1）进行色彩设计定位，创建色卡，便于之后填色使用。

（2）设计网站的顶部导航栏，包括 LOGO、菜单项和其他界面元素。

①在网站首页，根据草图进行导航栏的创建。选取左侧菜单栏中的圆角矩形工具，根据参考线，画出条形导航栏，如图 5－2－4 所示。

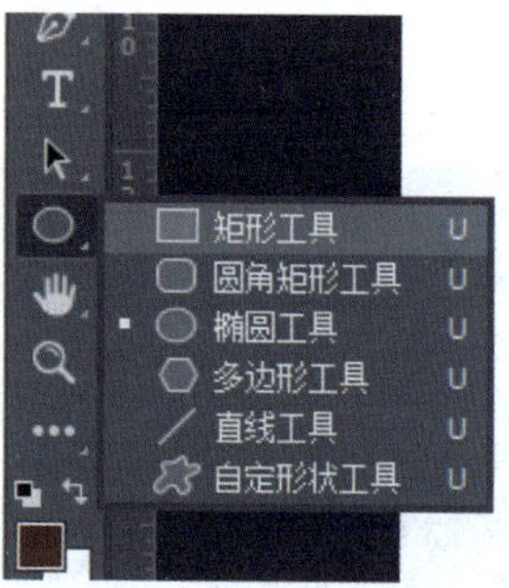

图 5－2－4　创建条形导航栏

②在菜单栏中单击“文件”→“打开”，找到已经保存好的企业 LOGO，添加到画布中的条形导航栏左侧，注意留白，调整好位置。再单击左侧菜单栏中的“T”，添加文字“首页、业内资讯、成功案例、加入我们”，最后在右侧添加几个小图标，如图 5－2－5 所示。

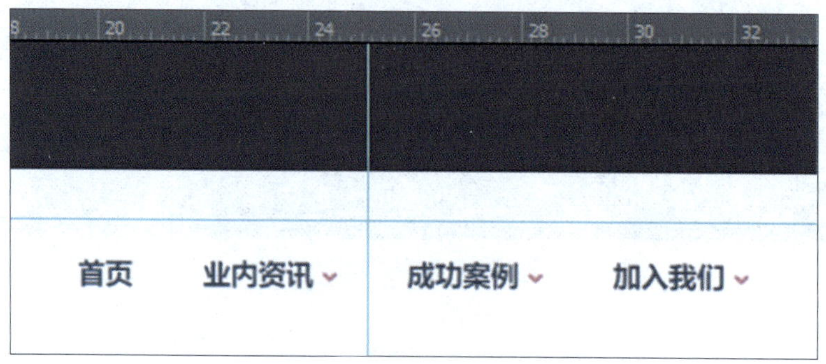

图 5－2－5　创建导航栏

① 1 in＝2.54 cm。

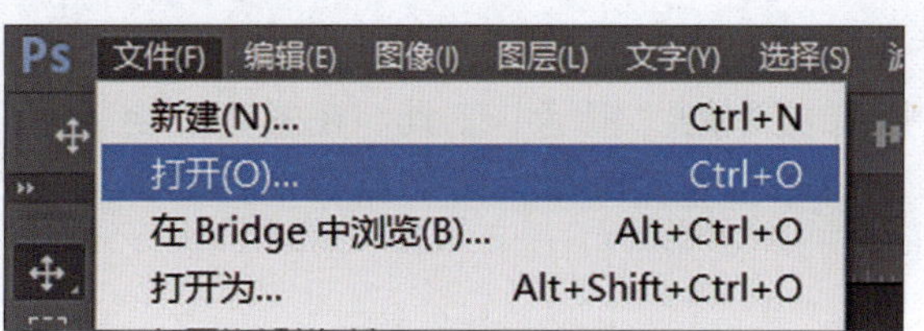

图 5－2－5　创建导航栏（续）

五、设计主要内容区域

（1）根据内容优先级设计首页的主要展示区域。

完成上方条形导航栏制作之后，画面右侧部分主要为公司名称和项目承接方向，设计两个超链接栏目，分别为“联系我们”和“了解更多”。这里使用的工具依旧是 Photoshop 左侧菜单栏中的“T”文字工具，和圆角矩形工具。需要特殊注意的是，为了便于区分两个超链接模块，这里使用相同颜色不同填充和描边来处理，即“联系我们”为粉色填充无描边白色字，“了解更多”为无填充色粉色描边粉色文字，在设计上既统一了配色，又区分了二者，如图 5－2－6 所示。

图 5－2－6　设计主要内容区域

（2）利用图像和文字的组合来吸引用户的注意力，并通过层次分明的设计引导用户浏览路径。

在网站首页的第 1 页，画面左侧选用了与秦东志升科技有限公司主营项目相关的一张城市街景图片，目的是更加突出其特色，使用异形图片增加画面灵动感，吸引用户关注。该环节在 Photoshop 中使用的工具和操作有导入图片、钢笔工具、建立选区、添加蒙版。具体操作如下：

①在上方菜单栏中单击“文件”→“打开”，找到企业提供的图片，根据参考线将其放置于画面左侧。单击左侧菜单栏中的“钢笔”工具，在图片中绘制一个闭合路径的不规则圆形，如果想调整位置，可以单击左侧菜单栏的“路径选择工具”进行修改，如图 5－2－7 所示。

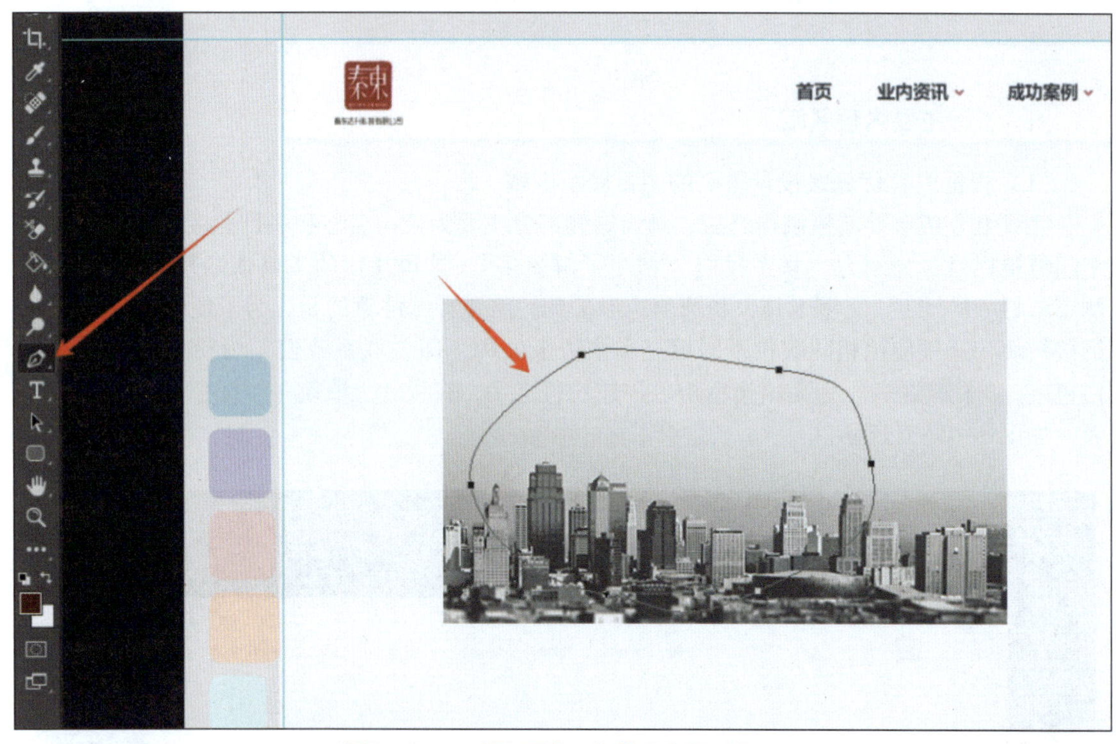

图 5－2－7　导入图片、钢笔画出异形图形

②使用钢笔完成绘制后，右击，选择“建立选区”，单击“确定”按钮，当选区由实线变为虚线时，表明操作正确，如图 5－2－8 所示。

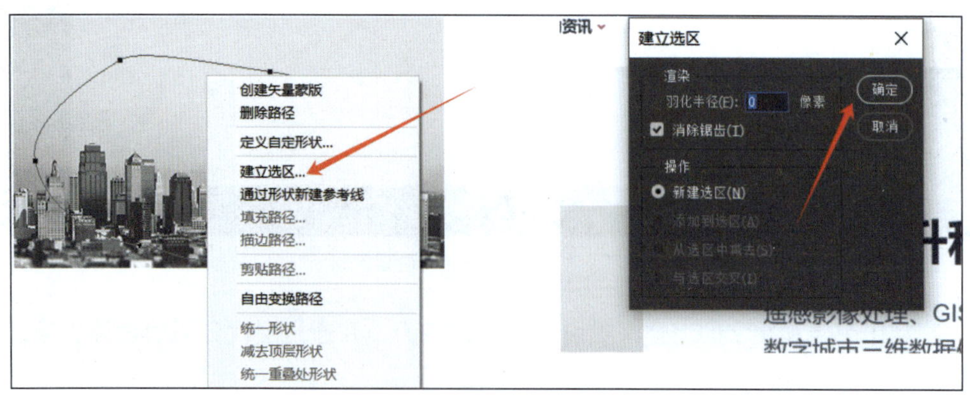

图 5－2－8　建立选区

③单击右侧图层面板下方的“添加矢量蒙版”，该图片呈现钢笔所画异形状态，至此，网站首页的第 1 页已完成，如图 5－2－9 所示。

图 5－2－9　添加蒙版、完成操作

（3）在中游部分穿插设计横幅轮播、案例分析、产品展示等。

网站首页的第 2 页为秦东志升科技有限公司的详情介绍，在上方导览条不变的前提下，以块状文字排列组合。为了细化直观该公司涉及的各个领域，将每一个模块都设计了超链接，用户可以根据自身所需单击相应链接查看详情。该环节在 Photoshop 中使用的工具有“T”文字工具、圆角矩形工具、吸管工具，本环节的难点为巧用标尺（Ctrl＋R），以做到文字间距相等，提升设计审美，如图 5－2－10 所示。

网站首页的第 3 和 4 页，为秦东志升科技有限公司承接项目的分享部分，在上方导览条不变的前提下，以图文结合的形式，清楚明朗地展现承接项目效果图以及项目名称简介，下设超链接，如果用户感兴趣，可以点进详情页进行查看。根据留白原则，首页只展示最经典的效果图与简洁文字，避免造成观者审美疲劳。该环节在 Photoshop 中使用的工具和操作有圆角矩形工具、“T”文字工具、添加图片、添加箭头图标。具体操作如下：

①该页的“了解更多”超链接将继续沿用第 1 页的样式，即为无填充色、粉色描边、粉色文字，以达到整体统一的效果，如图 5－2－11 所示。

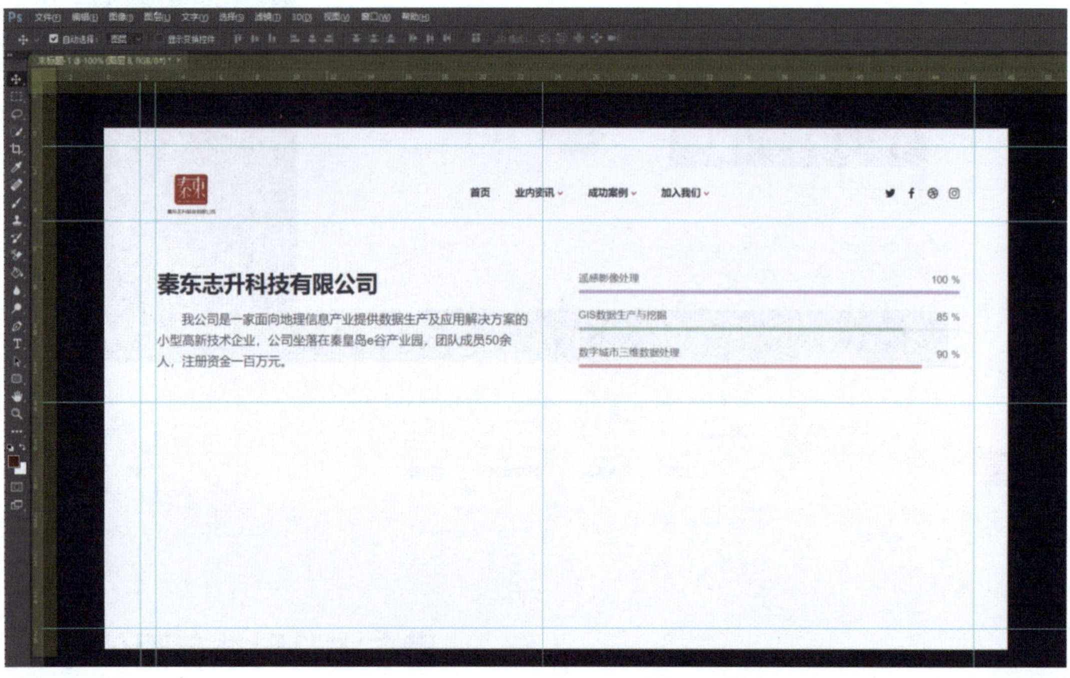

图 5-2-10　巧用标尺调整画面

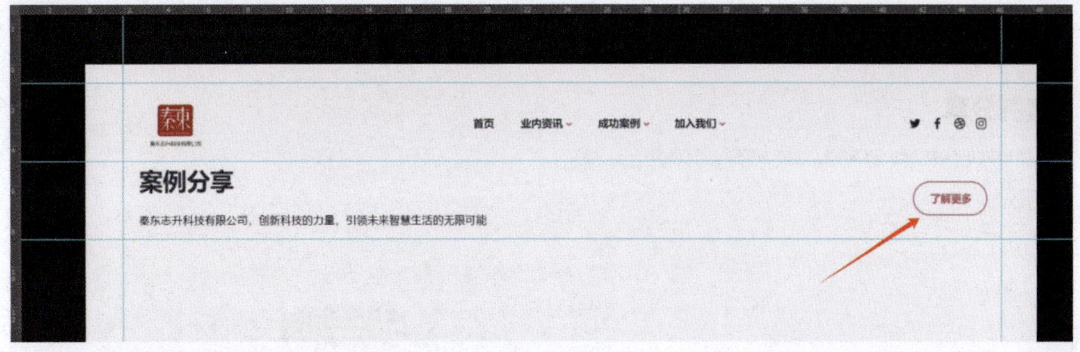

图 5-2-11　统一处理二次出现的字样

②网站首页的第 3 和 4 页，每页各有一个经典案例分享，其表现形式类似，我们将其区别于底纹和超链接的颜色，从而达到设计上的和谐，如图 5-2-12 所示。

六、设计末页和底部

(1) 如果网站包含侧边栏，则设计其内容和样式，通常包括新闻、社交媒体链接、相关文章等。

(2) 设计网站底部，包括用户调研、额外链接、法律声明等。

该设计在上方导览条不变的前提下，将网站末页设计为用户调研反馈部分，企业可收集用户简要信息，例如“姓名”“邮箱”“意见和建议”等。其中，“提交”为超链接，样式沿用“了解更多”。该部分设计简洁，以粉色为主色调，给人一种温馨、专业的感觉。该环节在 Photoshop 中使用的工具有圆角矩形工具、“T”文字工具，如图 5-2-13 所示。

图 5－2－12　两个案例用配色区分

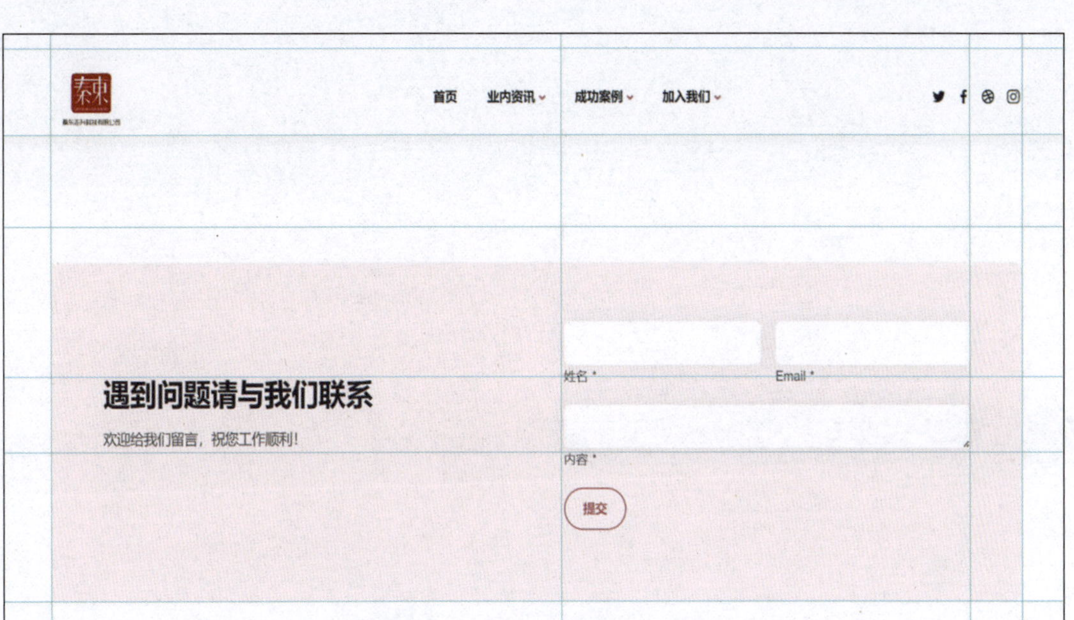

图 5-2-13　网站末页布局设计

小贴士

优化响应式设计：使用灵活的布局来适应不同的设备，确保按钮和链接的大小适合单击，文字易于阅读。

任务 5－3 企业招聘网页设计

任务工单

<table>
<tr><td>任务名称</td><td colspan="5">企业招聘网页设计</td></tr>
<tr><td>组别</td><td></td><td>成员</td><td></td><td>小组成绩</td><td></td></tr>
<tr><td>学生姓名</td><td colspan="3"></td><td>个人成绩</td><td></td></tr>
<tr><td>任务情境</td><td colspan="5">请你以设计人员的身份，按照客户需求，为秦东志升科技有限公司设计一个官方招聘网页，不少于 4 页。</td></tr>
<tr><td>任务目标</td><td colspan="5">按照具体要求，设计并制作秦东志升科技有限公司的招聘网页。</td></tr>
<tr><td>任务实施</td><td colspan="5">1. 企业背景调研及客户需求分析。
2. 草图与概念设计。
3. 色彩风格定位。
4. 网页整体设计。
5. 使用 Photoshop 软件完成设计。</td></tr>
<tr><td>实施总结</td><td colspan="5"></td></tr>
<tr><td>小组评价</td><td colspan="5"></td></tr>
<tr><td>任务点评</td><td colspan="5"></td></tr>
</table>

前导知识

网页设计的基本流程如下？

1. 项目规划与需求分析

与客户沟通，以了解他们的需求、目标和预期；研究目标受众以及竞争对手的网站，以获得设计理念和功能要求。

2. 内容策略与信息架构

策划需要展示的内容，包括文本、图片、视频等；构建网站的结构框架，决定导航逻辑和页面布局。

3. 视觉设计

开发网站的风格指南，包括色彩方案、字体、图像使用等；创作初步的设计概念和页面布局；根据反馈迭代设计，完善细节。

4. 界面设计与原型制作

创建具体的界面元素设计，如按钮、表单和图标；构建可交互的原型，用于演示和测试设计概念。

5. 编码与开发

使用 HTML、CSS、JavaScript 等技术将设计转换为代码；确保跨浏览器兼容性和响应式适配。

6. 测试与优化

进行功能测试、用户接受测试和性能测试；根据测试结果优化设计和修复问题。

7. 发布与后期维护

将网站部署到服务器并正式发布；定期更新内容和维护网站，确保其持续、稳定运行。

这个流程是迭代的，设计师可能需要反复修改和优化设计，直到达到客户和用户的要求，在每个阶段，沟通和反馈至关重要，以确保最终产品符合所有相关方的期望。

小贴士

颜色能够影响用户的情绪和行为。利用色彩心理学选择正确的颜色可以增强品牌信息，如使用绿色来传达安全和信任，或使用红色来吸引注意力并刺激行动。

通过小贴士，可以进一步提升网页设计的质量，并创造出更具吸引力、更易用的在线体验。

本次任务

本次任务的内容是完成秦东志升科技有限公司的招聘网页设计，如图 5－3－1 所示。

图 5－3－1　企业招聘网页设计结果

一、企业背景调研及客户需求分析

设计师需要先与客户或项目负责人沟通，以深入了解网站的目标、受众、内容和功能需求。根据前期调研收集资料得知，秦东志升科技有限公司是一家依托地理信息产业，以遥感影像处理、GIS 数据生产与挖掘、数字城市三维数据处理、信息系统开发为主的高科技信息产业服务公司，目前准备招聘三个岗位。

二、草图与概念设计

在纸上用铅笔绘制出招聘网页布局的草图，如图 5－3－2 所示，初步确定页面元素的位置和关系；在之后的设计中即可直接在 Photoshop 中导入草图图片，按照确定好的初始设计概念进行深入的页面制作。

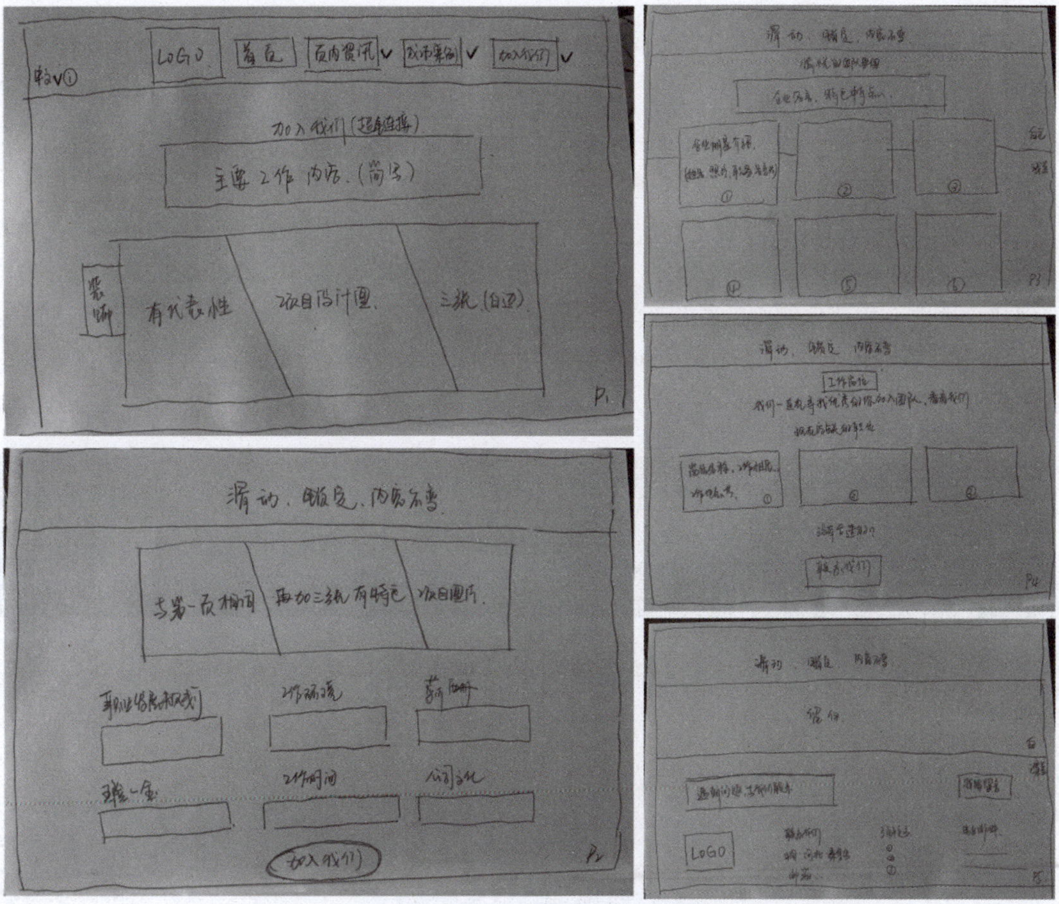

图 5－3－2　企业招聘网页草图设计

三、整体色彩风格定位

根据前期调研，秦东志升科技有限公司的色彩风格定位应该体现出专业性、科技感和创新精神。因此，招聘网页的色彩风格可以采用稳重的蓝色调或绿色调，这些颜色通常与专业性、可靠性和高科技相关联。同时，还可以在色彩搭配中加入一些鲜艳的颜色，如明黄色，以展现公司的活力和创新精神。

综上所述，本方案将选择 #CB2531、#E4626C、#E5AEB3、#3FBEA0、#3A77E1、#343F51、#829AC2、#FDB758 作为整体配色风格，如图 5-3-3 所示。

图 5-3-3　确定色卡

四、导航栏设计

导航栏一般包含企业 LOGO 及各项关键词形成的超链接，例如首页、最新资讯、联系我们等信息，还可以加入语言选择一栏。在设计导航栏时，需要注意企业 LOGO 和其他内容的位置、大小、间距等问题。

首先打开 Photoshop，设置 1 366 像素 ×768 像素画布，分辨率为 72 ppi，颜色模式选择 RGB。导入第一张草图（快捷键 Ctrl + T），调整与画布相同大小。接着根据草图进行导航栏的创建。选取左侧菜单栏中的矩形工具，根据参考线，画出导航栏部分，本案例导航栏无边框，如图 5-3-4 所示。在 Photoshop 中需要用到的工具和操作有矩形工具、标尺工具、文字工具以及导入图片功能。

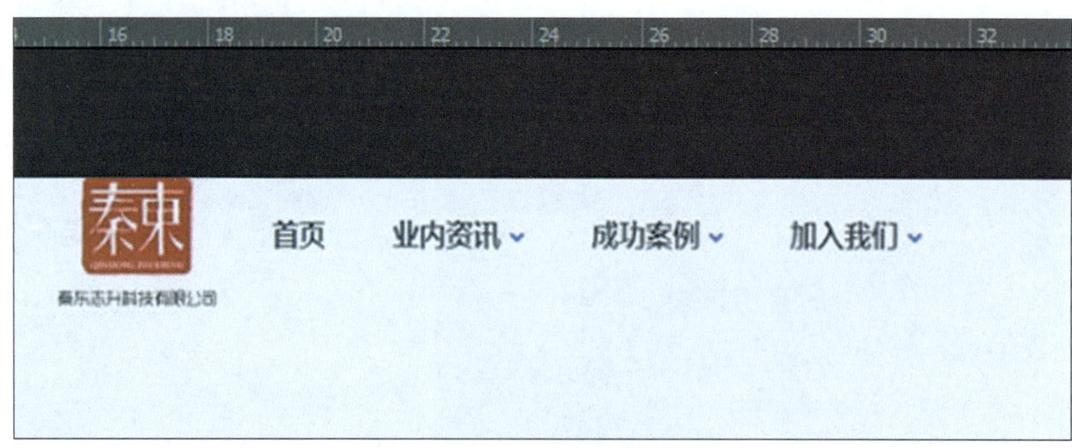

图 5-3-4　制作无边框导航栏

五、设计主要内容区域

（一）重要信息和图片应展示在靠前位置

（1）作为企业招聘网页，设计师需要将企业最主要的业务和具有代表性的图片展现在该网页的第一页。根据前期调研，秦东志升科技有限公司主营业务为遥感影像处理、GIS 数

据生产与挖掘、数字城市三维数据处理、信息系统开发等，巧妙运用Z字形构图原则，将主营业务用Photoshop中的文字工具写在画面中央位置，同时附上“加入我们”超链接，在配色时，使用蓝白分割的背景，增强主体性，如图5－3－5所示。

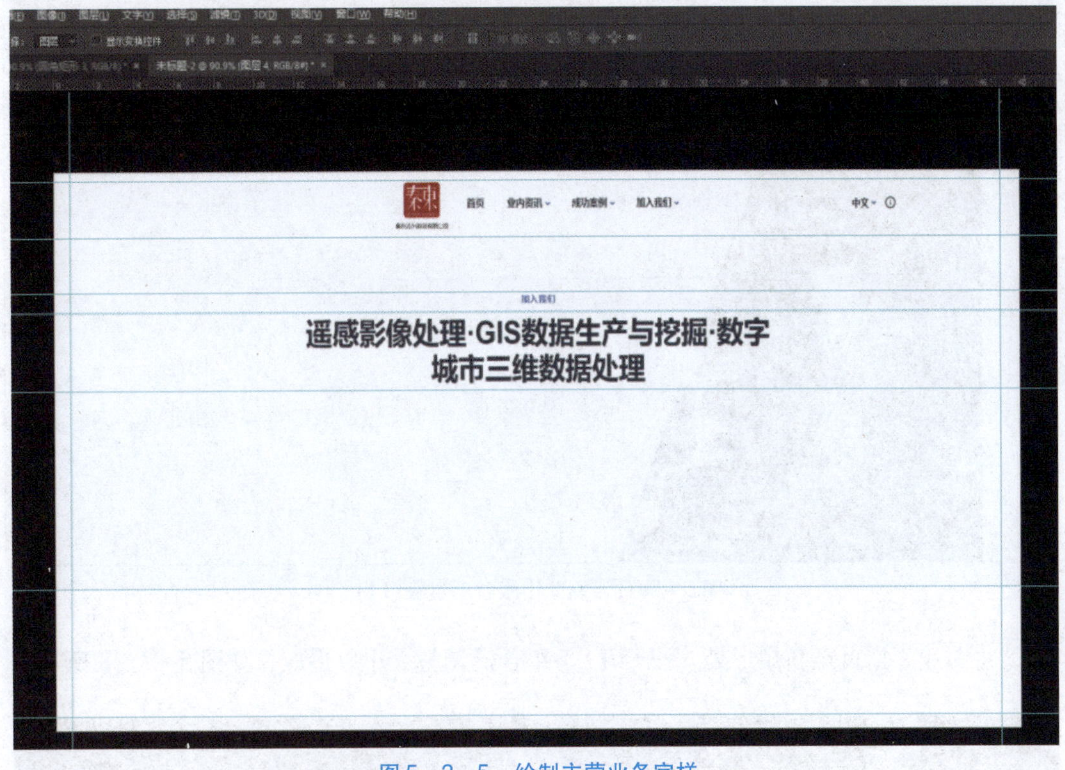

图5－3－5　绘制主营业务字样

（2）在文字的下方，利用斜向排版，摆放三张典型案例效果图，如图5－3－6所示。

图5－3－6　斜向排版效果

绘制斜向图片排版使用到的工具有矩形工具、直接选择工具、蒙版工具，具体操作如下：

①将图片 1 拖曳到 Photoshop 中，在其旁边绘制一个矩形，单击左侧菜单栏中的直接选择工具，将一条边拖曳为斜线，此处按住 Shift 键可直接拖曳出直线，如图 5－3－7 所示。

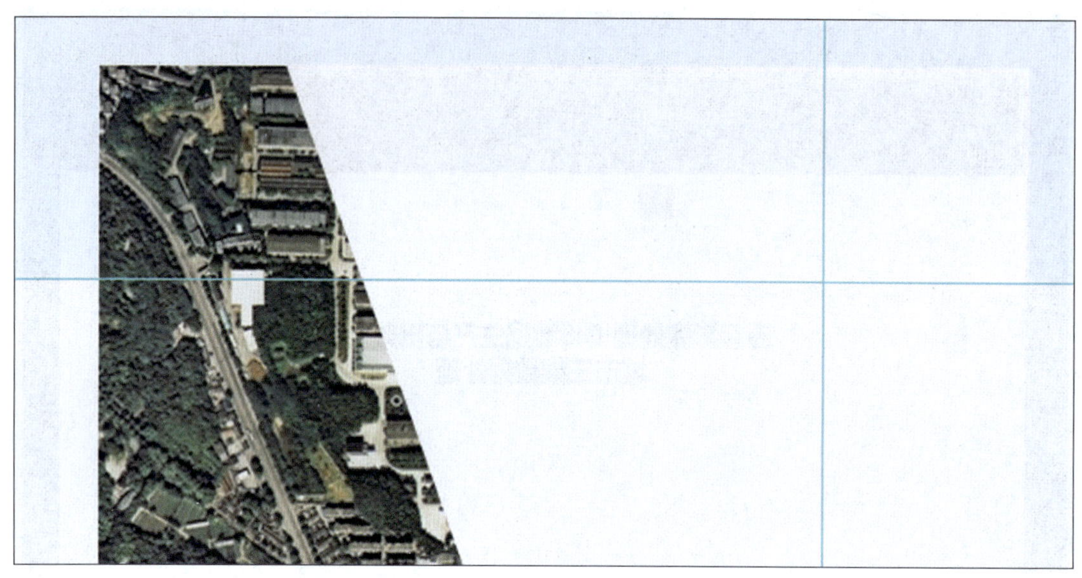

图 5－3－7　斜向排版绘制过程（1）

②将图片 2 拖曳至新矩形处，按 Ctrl＋T 组合键调整大小以适应，如图 5－3－8 所示。

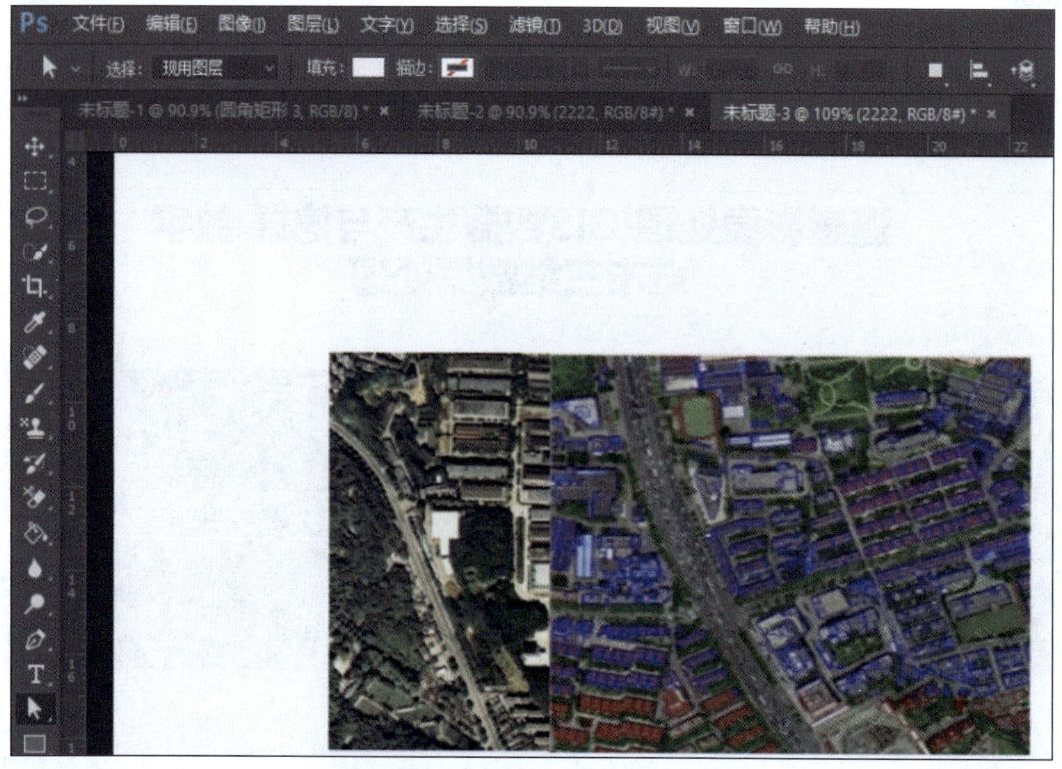

图 5－3－8　斜向排版绘制过程（2）

③按 Ctrl + Alt + G 组合键创建蒙版，如图 5 - 3 - 9 所示。

图 5 - 3 - 9　斜向排版绘制过程（3）

④对第三张图采用同样的操作。最后添加边框，新建一个无填充、边框为白色的矩形，宽度需要根据实际情况进行调整。两张图片中间切割效果制作方法同理，创建矩形后，按 Ctrl + T 组合键旋转即可，如图 5 - 3 - 10 所示。

图 5 - 3 - 10　斜向排版示意

（3）需要注意的是，为了增强画面灵动性，这里添加了波点效果，如图 5 - 3 - 11 所示。

图 5-3-11　波点效果

绘制波点效果需要用到的工具有圆形工具、矩形选框工具、定义图案工具、图案图章工具。具体操作如下：

①在 Photoshop 中，使用椭圆工具，按住 Shift + Alt 组合键绘制一个正圆，填充颜色，无描边。单击矩形选框工具，在圆形外部进行绘制，大小根据需求自行调整，如图 5-3-12 所示。

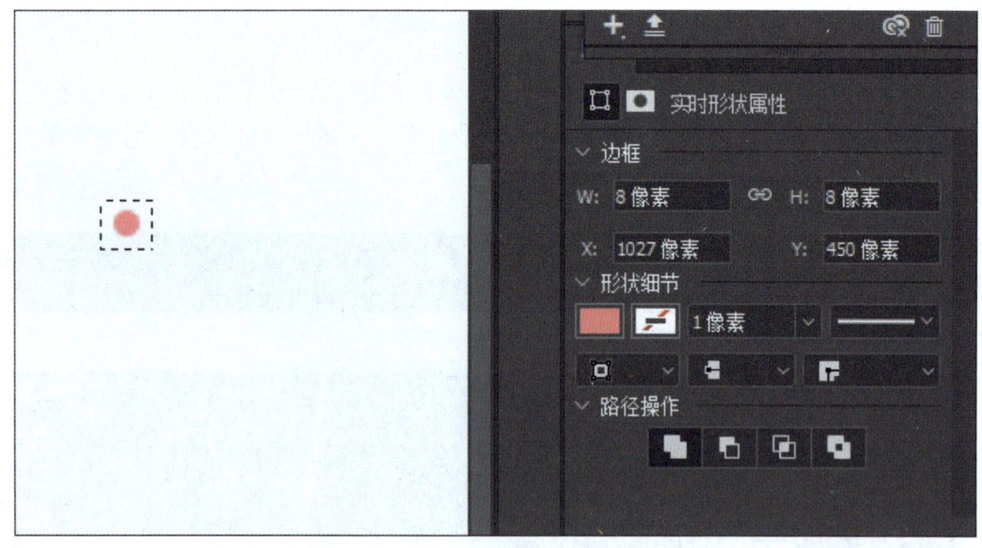

图 5-3-12　波点效果过程图（1）

②单击顶部菜单栏中的“编辑”按钮，选择定义图案工具，保存为新的图案。单击左侧菜单栏中的图案图章工具，同时在顶部属性栏中选择已保存的新图案，如图 5-3-13 所示。

③单击矩形选框工具，在适当位置绘制大小合适的矩形。单击图案图章工具，即可在选框中画出预设好的波点图案，如图 5-3-14 所示。

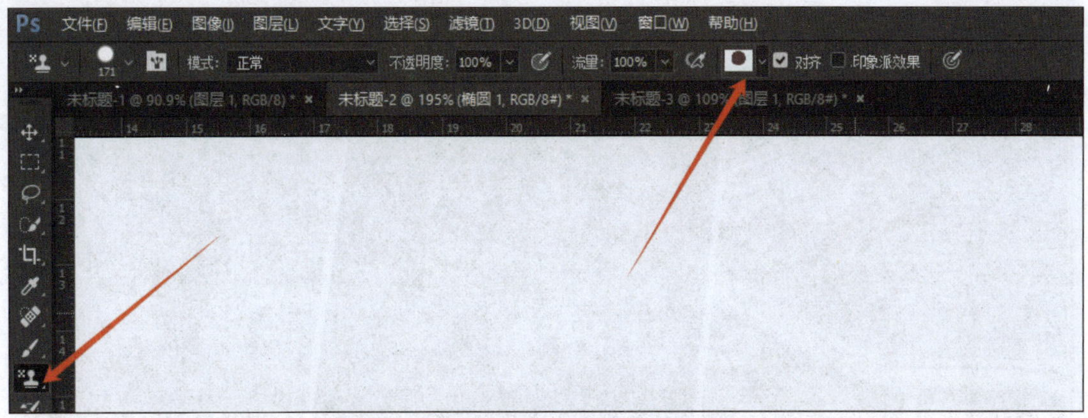

图 5 -3 -13　波点效果过程图（2）

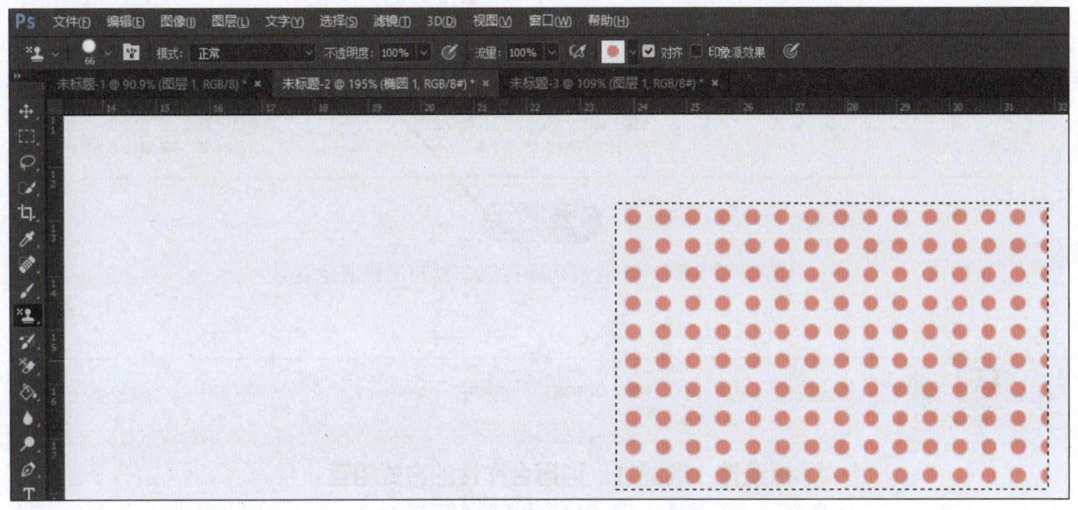

图 5 -3 -14　波点效果示意

（二）图文巧妙结合，突出公司文化

在企业招聘网页的第 2 页，保留导航栏不变，需要展现企业文化、公司环境氛围。设计师在前期调研的基础上，可以将上述信息归纳为 6 点，并简要说明介绍。此处要注意避免形成文字罗列的枯燥感，建议以图文结合的形式展现，增强视觉美感。在底部附上“加入我们”的超链接，与首页相呼应，如图 5 -3 -15 所示。

在绘制时，应注意利用 Photoshop 的标尺工具合理划分图文间距。这里的图片依旧采用和第 1 页相同形式的斜向拼图，突出整体性和一致性，制作方法相同。该部分用到的工具有矩形工具、直接选择工具、蒙版工具、文字工具、圆角矩形工具、吸管工具等。

（三）在中间部分展现团队创新精神

企业招聘网页的第 3 页，需要为企业创造愉悦的团队气氛，以供求职者了解。本案例采用分享企业的明星员工、职务以及名言寄语的方式，背景颜色沿用第 1 页的蓝色和白色，如图 5 -3 -16 所示。

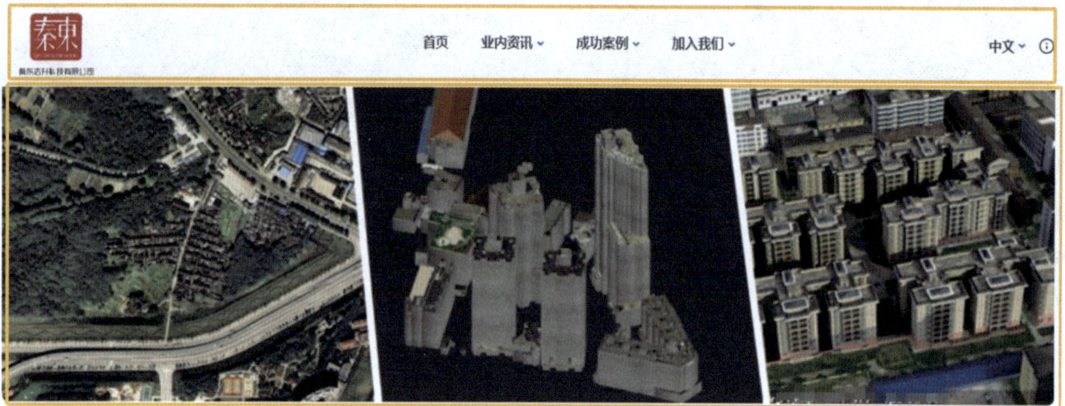

图 5-3-15　企业招聘网页第 2 页布局排版示意

图 5-3-16　企业招聘网页第 3 页布局排版示意

为了增强画面的灵动性，设计师可以给每位优秀员工设计一个五星好评，具体绘制方法如下：

①单击左侧菜单栏中的多边形工具，在上方属性栏的设置中勾选星形，将边设置为 5，如图 5 – 3 – 17 所示。

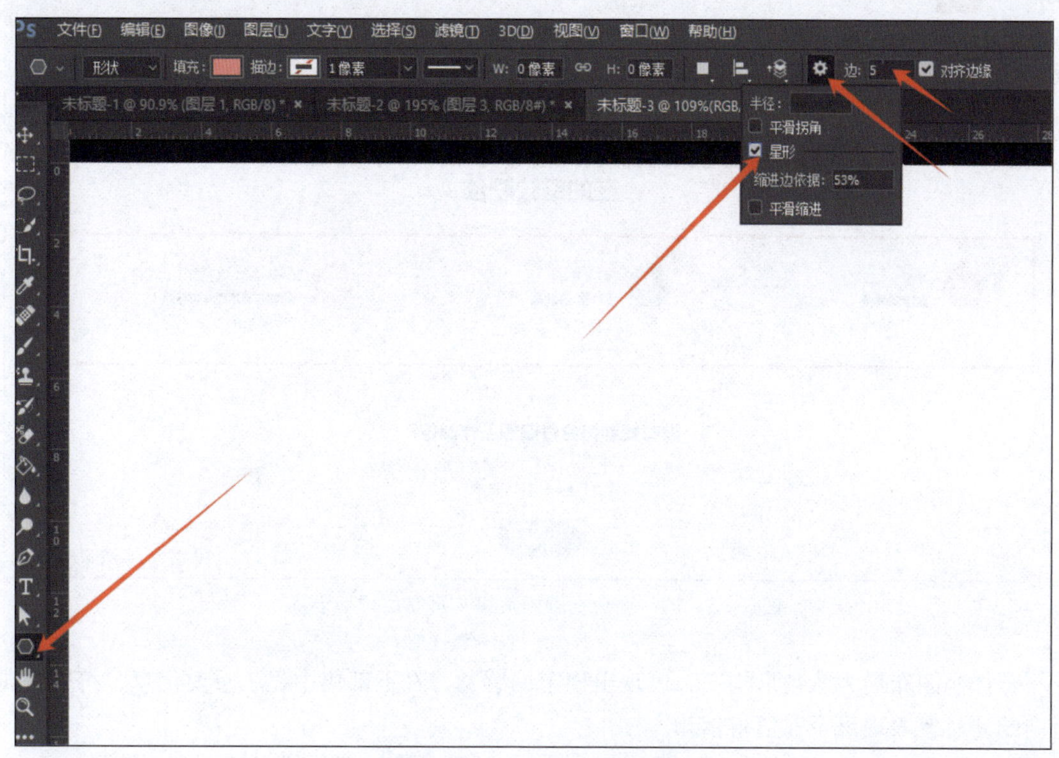

图 5 – 3 – 17　五角星绘制方法

②绘制出一个五角星后，按住 Shift + Alt 组合键，拖曳鼠标进行平移复制即可，如图 5 – 3 – 18 所示。

图 5 – 3 – 18　平行复制绘制方法

（四）企业招聘需求直观展现

企业招聘网页的第 4 页即招聘岗位详情页，根据前期调研，秦东志升科技有限公司本轮招聘 3 个岗位，分别为高级测绘师、UI/UX 设计师、多媒体艺术家和动画师。在该页中，需要清楚明朗地将企业需求展现出来，如图 5－3－19 所示。在保留导航栏的前提下，本页的色彩最为丰富，增强吸引力。

图 5－3－19　企业招聘网页第 4 页布局排版示意

整体构图布局为三角形构图，表现出稳定的感觉，在下部集中显示重要信息，符合视觉流向的同时，表现出企业值得信赖。

六、设计网页底部

在上方导览条不变的前提下，本案例中企业招聘网页的底部包含我要留言、联系我们、了解更多、电子邮件以及企业 LOGO 部分，在布局上采用 Z 形构图，采用大众普遍思维和行为模式的视线流向来进行信息位置布置，两段信息中间用一根细线分割，在整体上展现一种极简的视觉感受，背景色选用深蓝色，体现沉稳大气的企业氛围，如图 5－3－20 所示。

图 5－3－20　招聘网页底部设计示意

小贴士

在设计网页时，简洁性是关键。应避免使用过多的颜色、字体或图像，以免使页面显得混乱或不专业。清晰的布局和导航结构，对于确保用户能够轻松找到他们正在寻找的信息至关重要。